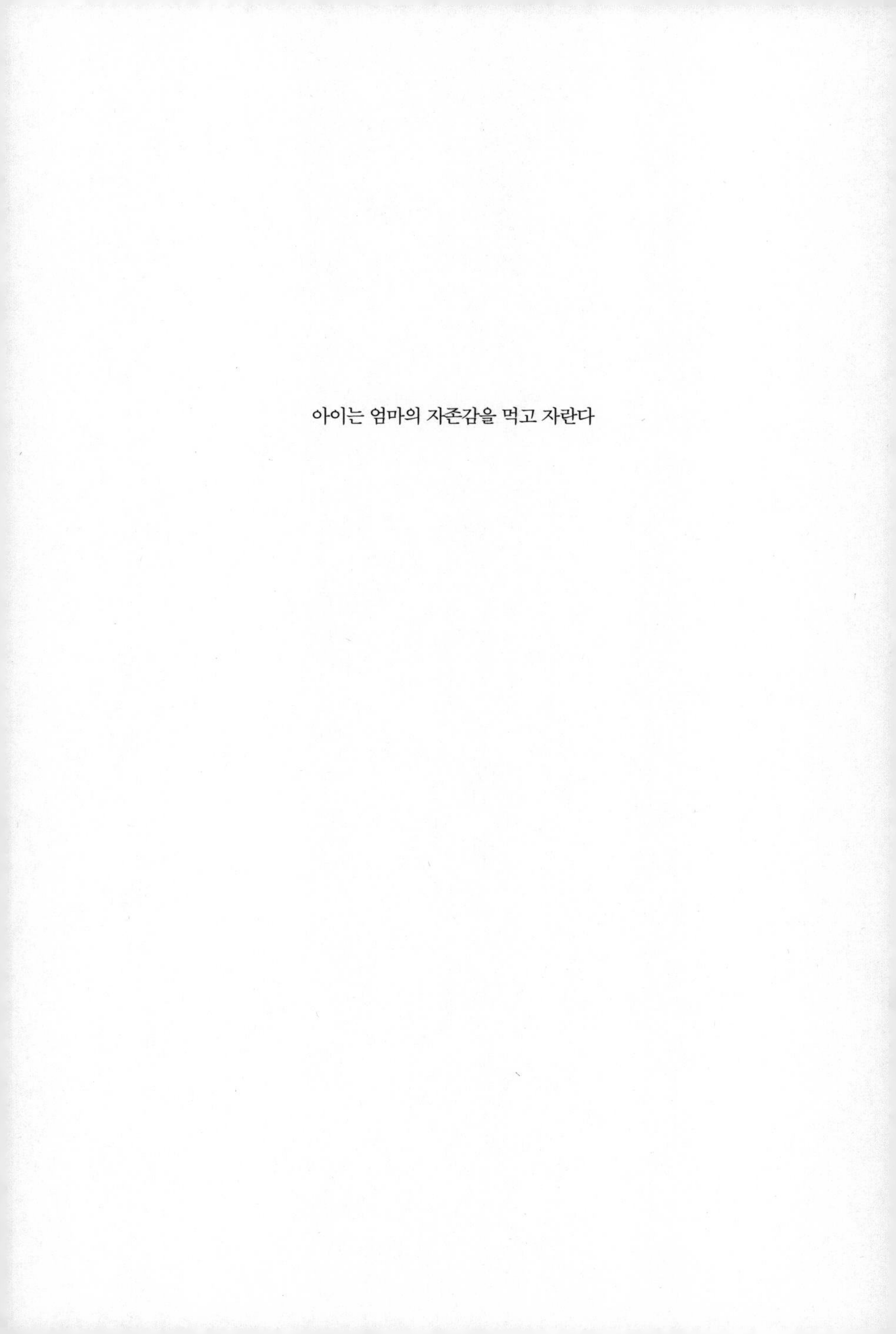

아이는 엄마의 자존감을 먹고 자란다

아이는 엄마의
자존감을
먹고 자란다
안정현(마음달) 지음

midnight
심야
책방
bookstore

프롤로그

뿌리가 튼튼한 엄마
자존감을 키우는 아이

엄마는 아이가 태어나고 나면 한 번도 경험해보지 못한 엄청난 무게감을 느끼게 됩니다. 잘 크고 있는 건지, 다른 아이들보다 뒤처지는 건 아닌지 불안합니다. 성격이 예민한 아이가 친구들과 잘 어울리지 못하는 것 같아 걱정도 되고, 밥을 먹고 이를 닦지 않으려는 모습을 보면 생활습관이 잘 잡히지 않은 것 같아 잔소리도 하게 됩니다.

"너 도대체 어떻게 하려고 이러니?"

어느새 새침한 아가씨의 모습은 사라지고, 아이를 키우면서 호랑이 엄마로 변해 있습니다. 친정 부모님과는 다르게 아이를 키우고 싶었는데, 어느새 닮아 있는 자신의 모습을 보면 슬프기도 합니다.

결혼은 왜 해서 이 고생을 하는 건지라는 생각이 들 때면, 엄마 자격이 없는 것 같아 후회도 밀려옵니다. 아이를 돌보느라 지쳐 있다면 무언가를 더 하려고 하지 말고 나를 위한 시간을 가져보세요. 오늘 하루를 새롭게 만드는 것입니다.

나를 행복하게 하는 시간은 남편이나 다른 누군가가 만들어주는 것이 아닙니다. 아이가 생기고 나면 부부의 삶은 완전히 변합니다. 남편과 육아를 함께한다고 해도 엄마의 역할이 더 많을 것입니다. 결혼 전에는 서로에게 집중할 수 있었지만, 아이가 생기면 관심과 시간이 아이에게 배분되기 때문에 남편이 변한 것처럼 느껴질 수 있습니다.

이러한 가족 역할의 변화는 어쩔 수 없지만 남편이 예전처럼 나에게 관심을 주지 않으면 우울함이 깊어지거나, 육아로 지친 상태에서 남편에게 자주 화를 내 관계가 악화되기도 합니다.

남편에게 나를 돌봐달라고 요구하기 전에, 스스로 나를 챙길 줄 아는 사람으로 성장하는 것이 중요합니다. 다른 사람이 주는 행복만 의미가 있다고 생각하는 것은 '삶의 주도권'을 타인에게 맡기는 것과 같습니다.

나를 행복하는 게 무엇인지 찾아보세요. 기쁨은 어떤 목적이 없어도 됩니다. 그저 하는 것만으로도 즐거운 일을 생각해보는 것입니다. 우리가 어린 시절 놀이를 할 때 푹 빠져서 시간 가는 줄 모르고 몰입했던 것처럼 말입니다.

아이와 눈맞춤을 하고 아이의 미소를 보는 것은 큰 기쁨이지만, 한 생명을 기르는 일에는 많은 인내가 필요합니다. 아이가 다 크고 나서, 여유를 찾겠다고 생각하면 내 행복은 계속 뒤로 미뤄질 것입니다. 엄마의 인생을 육아와 육아 이후의 삶으로 나누지 말고, 오늘 하루분의 행복을 온전히 누리길 바랍니다.

쉬어가는 페이지를 만들면 주어진 삶을 살아내는 수동적이고 무기력한 내가 아니라, 스스로 기쁨을 만들어낼 수 있는 능동적인 내가 됩니다. 아이가 일어나기 전이나 잠든 후, 또는 틈틈이 케렌시아querencia에서 자신만의 시간을 가지세요. 케렌시아는 안식처, 피난처라는 의미로 투우사와의 마지막 대결을 앞둔 소가 에너지를 충전해서 힘을 다시 얻는 장소입니다.

여러분은 어디에서 힘을 얻나요? 충전을 하기 위해서 많은 시간이나 특별한 장소가 필요한 것이 아닙니다. 향초를 켜놓고 잠시 명상을 하거나, 유튜브로 자연의 소리를 듣는 것도 좋습니다. 내가 좋아하는 책을 읽는 것도 도움이 됩니다. 엄마이기 이전에 한 사람, 여자로서 나를 돌아보고 잠시 멈추는 것입니다.

지난 20년간 상담하면서 다양한 사연을 가진 엄마들을 만났습니다. 저마다 고민과 문제의 깊이는 달랐지만, 현장에서 효과적이었던 좋은 습관과 방법들은 분명 있었습니다. 이 책이 엄마들의 편안하고 따뜻한 케렌시아가 되길 바랍니다.

마음달 안정현

목 차

Part 2 내 아이를 위한 엄마표 자존감 수업

: 아이와 함께 성장하는 시간

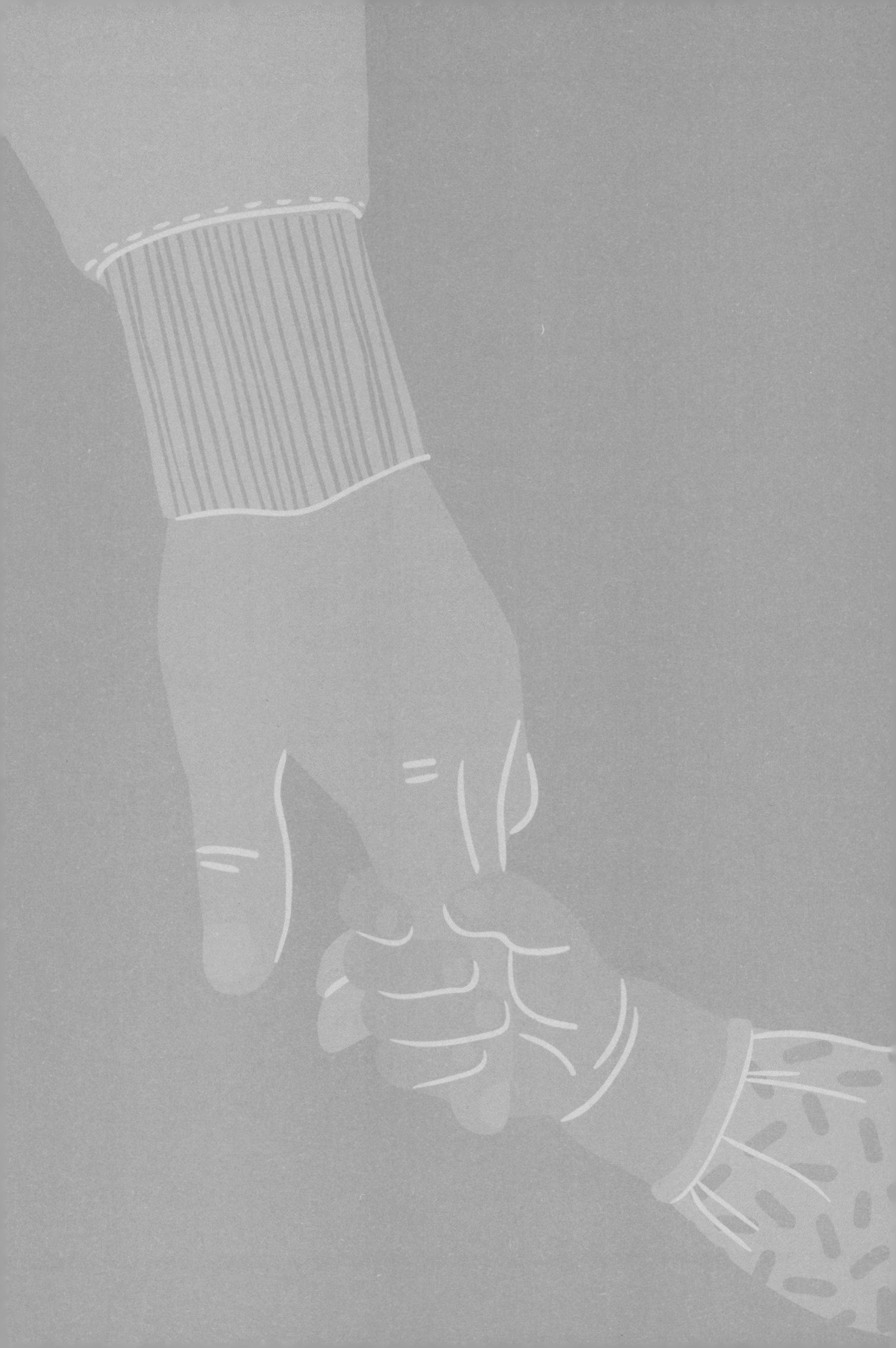

Part 1

엄마가 된 나에게
가장 필요했던 말들

: 나를 찾는 시간

아이를 키우면서 어린 시절의 상처가 떠오른다면

변화는 쉽고 편안하게 이루어지지 않으며
불편하고 아픈 과정을 필연적으로 수반합니다.
그러나 고통은 새로운 경험과 배움으로 이어지는
긍정적인 결과를 가져옵니다.

아이를 키우면서 자신의 어린 시절 모습이 떠올라 힘겨워하는 분들을 자주 만나게 됩니다. 한 내담자는 상담실에 갓난아이를 업고 와서 잊고 있던 어린 시절의 기억이 떠올라서 견딜 수 없다고 했습니다. 부모에게 받은 상처들이 세포 하나하나에 남아서 잊고 싶어도 끊임없이 올라온다고 말했습니다.

"선생님, 어릴 때 기억을 모두 지워졌으면 좋겠어요. 아무 기억도 나지 않으면 얼마나 좋을까요? 다시 태어나면 좋은 부모 밑에서 사랑받으면서 살고 싶어요. 그러면 우리 아이에게도 사랑을 듬뿍 줄 수 있지 않을까요?"

이와 비슷한 경험을 가진 주영 씨를 상담실에서 만났습니다. 그녀 역시 아이를 키우면서 부모에 대한 원망이 커졌고, 어린 시절의 상처를 치유하고 싶다고 했습니다.

"아이와 눈맞춤을 할 때면 엄마는 왜 나를 제대로 봐주지 않았는지 고통스럽고, 아이가 실수를 할 때면 똑같은 실수를 했던 제게 엄마가 퍼부었던 모진 말들이 떠올라요."

기억하고 싶지 않아도 '부모의 부부싸움으로 인해 숨이 막힐 것 같았던 집안 분위기, 모욕과 폭언, 관심받지 못하고 혼자 방치되었던 일' 등이 문득문득 떠올라 힘겨워하기도 합니다. 부모가 되니 친정 부모님이 더욱 이해가 되지 않고, 대체 내게 왜 그랬는지 모르겠다고 눈물을 흘렸습니다.

아이를 키우면서 어린 시절의 상처가 떠오른다면, 그 기억을 억지로 지우려고 노력하지 않아도 됩니다. 성장을 위해 상담에서 중요한 것은 자기 관찰입니다. 자신의 감정을 살펴보는 시간이 필요합니다.

이러한 경우 원망하는 마음을 멈추기 위해 부모에게 이야기해서 사과받고 싶어 하지만, 대부분의 부모는 자신의 잘못을 인정하기 어려워합니다. 또한 사과를 받는다고 해도 여전히 원망하는 마음이 남아 있어 불편한 마음이 해결되지 않는 경우도 많습니다.

한편으로는 지금이라도 부모가 달라진다면 마음이 편할 것 같다는 생각을 하기도 합니다. 자신의 부모가 상담을 받으면 좋겠다고 합니다. 이러한 생각은 변화의 시작을 나 자신이 아닌 부모로부터 찾으려고 하는 것입니다. 성인이 되었지만 어린 시절에 머물러 있어서 어린아이처럼 부모가 달라져야만, 지금 성인이 된 나의 상처가 치유될 수 있다고 생각하는 것입니다.

이때는 아직 자라지 않은 내면아이와 접촉을 시작하면 됩니다. 실제 상담에서도 안전하고 지지적인 환경에서 내담자가 내면을 솔직하게 표현하면서 치료가 시작됩니다.

⁂

미국 정신분석학자 코헛Heinz Kohut은 자기를 세우기 위해서는 대상이 필요하고, 그 대상들과의 경험 속에서 자기가 강화되고 유지된다고 설명했습니다. '자기대상'은 '자기의 일부로 경험되는 대상'을 의미합니다.

쉽게 말해 자신의 경험을 반영해주고 동일시해주는 사람, 즉 나 자신의 욕구를 만족시켜주는 중요한 사람이 필요합니다. 자기대상 욕구는 크게 3가지로 나뉩니다.

이상적 자기대상 욕구

나를 진심으로 챙겨주고 도와주는 사람이 있었으면 좋겠다는 생각을 해본 적이 있나요? 아이는 불안한 세상에서 나를 도와줄 이상적 자기대상을 찾게 됩니다. 아이는 아빠를 이상화하기도 하는데 힘들거나 위험에 처하면 아빠가 나를 도와줄 것이라는 믿음을 갖게 되고, 자신을 지켜줄 것 같다는 욕구가 충족되면 자아존중감이 높아집니다.

반영적 자기대상 욕구

아이는 '신체적, 정신적 욕구'를 만족시키기 위해서 자신을 돌봐주는 대상을 필요로 합니다. 양육 시 아이의 행동을 지지하고 수용적으로 반응해주는 것이 중요한데, 이 경험을 통해 아이는 자신이 소중한 존재라고 느끼게 됩니다. 아이는 엄마로부터 적절한 반응과 인정을 받고 싶어 하고, 이러한 바람이 충족될 때도 자아존중감을 갖게 됩니다.

동반적 자기대상 욕구

자신과 다른 이가 '동일한 생각 또는 마음'을 가졌으면 하는 욕구입니다. 부모의 옷이나 신발을 신기도 하고, 비슷한 생각을 하는 상상의 친구를 만들기도 하며, 또래 친구를 사귀고자 합니다.

어린 시절 자기대상 욕구 중 어떤 욕구가 충족되었고 좌절되었는지 살펴보기 바랍니다. 어린 시절 보호받지 못하고 외로웠던 경험을 마주하는 것은 마음이 쓰라리고 아픕니다. 하지만 그 기억을 마주해야만 성장할 수 있습니다.

부모가 해결하지 못했거나 충족하지 못한 결핍은 아이에게 대물림될 수 있습니다. 부모가 자신의 감정을 숨길 경우, 아이는 부모의 감정을 읽을 수 없어서 부모가 무엇을 느끼는지 이해할 수 없게 됩니다.

부모가 자신의 감정을 억누르면, 아이는 부모가 감정적으로 안정적이지 않다고 생각하게 됩니다. 이는 아이가 안전하고 보호받는다는 느낌을 상실하게 만들어, 정서적 불안을 초래할 수 있습니다.

어린 시절의 상처를 극복하려면
슬픔이라는 언덕을 넘어가야 합니다.
유튜브나 책을 통해 인지적으로

심리 문제를 해결하고자 노력하지만,
실질적으로 변화를 이루기 어려운 이유는
정서적으로 고통의 순간을 지나가지 않기 때문입니다.

변화는 쉽고 편안하게 이루어지지 않으며
불편하고 아픈 과정을 필연적으로 수반합니다.
그러나 고통은 새로운 경험과 배움으로 이어지는
긍정적인 결과를 가져옵니다.

주영 씨는 어린 시절 타인에 대한 신뢰감이 무너져 있음을 발견하게 되었습니다. 아버지에게 돌봄을 받을 수 있다는 이상적 자기대상 욕구가 좌절되었고, 어머니가 자신의 생각과 감정에 적절하게 반응해줄 거라는 반영적 자기대상 욕구도 좌절되어 있었습니다.

부모로부터 받은 상처가 없는 사람은 없습니다. 부모가 나에게 무엇을 해주었고 어떤 점이 힘들었는지 살펴보세요. 아직 해결되지 않은 숙제와 짐을 안고, 아이를 양육하는 것은 쉽지 않은 일입니다. 자신이 어느 영역에 멈추어 있는지 확인해 보는 게 필요합니다.

미국 심리학자 에릭슨Erik Homburger Erikson의 심리사회성 발달이론(사회성 이론)은 '정서발달과 타인과의 상호작용'에 초점을 맞추고 있습니다. 생물학적인 성숙과 사회적인 압력으로 인해 각 단계별로 위기에 직면하게 된다고 설명합니다.

먼저 발달한 부분을 바탕으로 다음 발달이 이루어집니다. 각 시기별로 어느 영역에 머물러 있는지 살펴보면 도움이 될 것입니다.

영아기 0~1세

기본적 신뢰감 대 불신감/ 세상에 대한 신뢰를 형성하는 시기

유아기 1~2세

자율성 대 수치심/ 자신의 의지와 통제력이 발달하는 시기

초기 아동기 3~5세

주도성 대 죄책감/ 주도적으로 자신의 삶에 관여하는 시기

후기 아동기 5~12세

근면성 대 열등감/ 인지적, 사회적 기술을 익히는 시기

청소년기 12~20세

정체감 대 역할 혼미/ 자신의 자아를 찾아가는 시기

청년기 20~24세

친밀감 대 고립감/ 친밀한 대인관계를 만들어가는 시기

장년기 24~65세

생산성 대 침체성/ 다음 세대를 위해서 생산적인 일을 하는 시기

노년기

자아통합 대 절망감/ 자신의 인생을 평가하는 시기

영아기 0~1세

기본적 신뢰감 대 불신감/ 세상에 대한 신뢰를 형성하는 시기

1단계에서는 자신 및 타인에 대한 믿음을 갖게 되면서 힘들 때

부모가 자신을 위로하고, 배가 고플 때 음식을 줄 것이라는 믿음을 갖게 됩니다. 이때 신뢰감도 필요하지만 적절한 불신도 필요합니다. 이러한 믿음은 미래에 대한 희망을 갖게 하고, 부모가 없어도 미래에 대한 낙관적인 기대를 갖게 합니다.

유아기 1~2세

자율성 대 수치심/ 자신의 의지와 통제력이 발달하는 시기

2단계에서는 걷고 말하면서 환경에 대한 통제가 가능해집니다. 자율적으로 행동하지만, 제재가 가해지기 때문에 수치심도 갖게 됩니다. 새로운 경험을 시도하면서 의지를 키워나가게 됩니다.

초기 아동기 3~5세

주도성 대 죄책감/ 주도적으로 자신의 삶에 관여하는 시기

3단계에서는 목표를 달성하기 위해 계획하고 주도적으로 행동하기도 합니다. 그러나 할 수 없는 일들이 있다는 것을 알게 되면서 죄의식과 죄책감이 생기기도 합니다.

후기 아동기 5~12세

근면성 대 열등감/인지적, 사회적 기술을 익히는 시기

4단계에서는 학교 학습과 다양한 경험을 통해서 근면과 같은 유능감을 갖게 되기도 하고, 실패하면 열등감이 생기기도 합니다.

청소년기 12~20세

정체감 대 역할 혼미/ 자신의 자아를 찾아가는 시기

5단계는 자기 자신에 대해서 근원적인 질문을 하게 되는 시기입니다. 내가 누구이고, 내가 어떤 사람인지에 대해서 고민하게 됩니다.

자신이 '세상 사람들을 신뢰하지 못하고 불신감이 높은지, 학벌 콤플렉스가 있는지' 등 성인이 되기 전 어느 단계에 정서적으로 머물러 있는지 살펴보세요. 어린 시절을 찬찬히 살피다 보면 슬프고 불행한 기억과 동시에 행복했던 추억이 떠오르기도 합니다.

고통의 순간을 마주하기 힘들 때는

기쁨의 기억을 찾는 것도 도움이 됩니다.

따뜻하고 안전하고 행복했던 기억을 떠올리고

그 경험을 내 삶에 비추어 생각해보는 것입니다.
밤이 깊어지면 아침이 밝아오듯이
내 삶의 어두운 부분과 밝은 부분은 공존하기 때문입니다.

두려움이 밀려올 때는
어린 시절과 다르게 어른이 되어
내가 갖고 있는 것들을 헤아려보는 것도 도움이 됩니다.
결국 상처받은 내면아이를 치유하는 길은
나 자신을 위로하고 돌봐주는 것입니다.

나를 보살펴주고, 충분히 슬퍼하면서 내면의 감정들을 인정합니다. 지금까지 다른 사람의 감정에 맞추어 살아왔다면, 지금은 나의 감정에 귀 기울여 보는 것입니다. 자신을 삶에서 우선순위에 두는 연습을 하면서 자신에게 말해주는 것입니다.

"그 정도면 충분하고 지금까지 열심히 살아왔다."
"나로서 지금도 충분히 아름답다."

어릴 적 사진을 보고 당시의 감정을 느끼면서 그때의 나에게 편지를 써볼 수도 있습니다. 과거의 상처를 직면하고 인생의 흔적들을 살펴볼 수 있을 때, 성장하고 있는 그대로의 나와 비로소 만날 수 있습니다.

열매를 풍성하게 맺으려면
나무의 뿌리가 튼튼해야 합니다.
어두운 아픔의 상처들을 마주할 때
내면에 있는 강력한 힘을 찾아낼 수 있습니다.

어린 시절의 나는
제대로 된 보살핌을 받지 못해 슬펐지만
지금의 나는
상처받은 아이를 토닥일 수 있습니다.

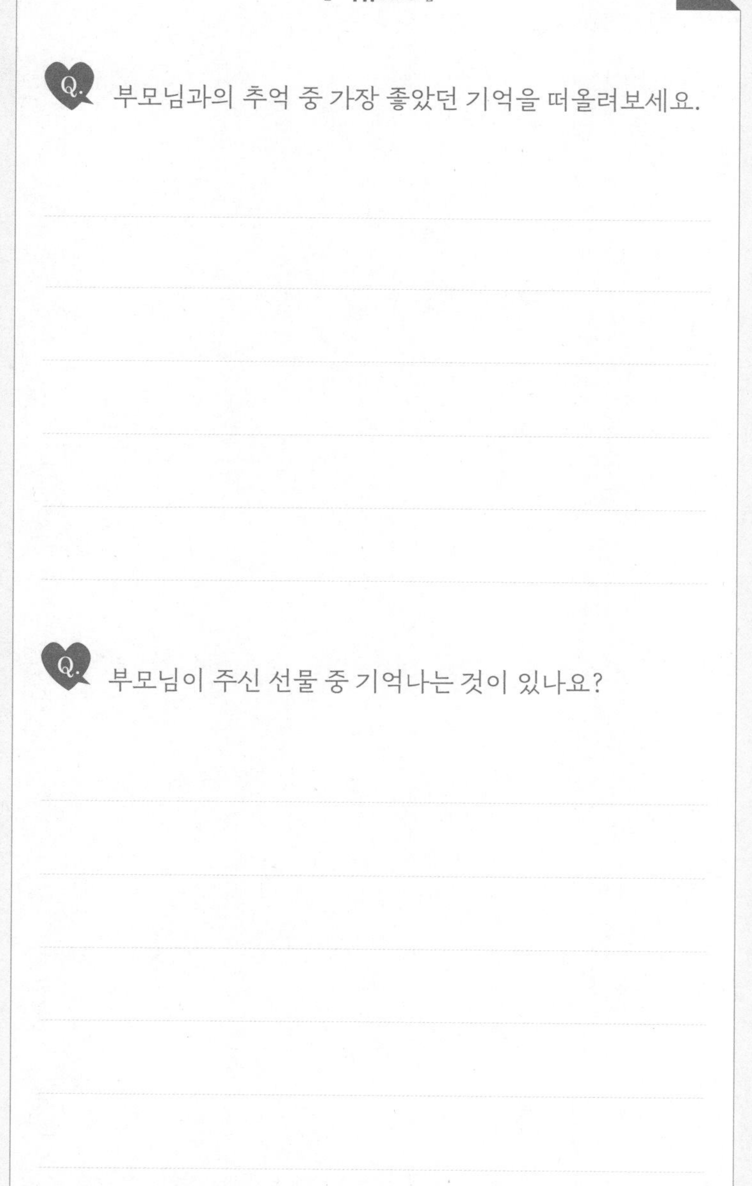

〖 **치유노트** 〗

Q. 부모님과의 추억 중 가장 좋았던 기억을 떠올려보세요.

Q. 부모님이 주신 선물 중 기억나는 것이 있나요?

자신의 소통 유형을 파악하세요

남편과의 관계에서 위축되는 상황이 반복된다면
자신을 '아내'가 아닌 '야단맞고 있는 아이'로
인식하고 있을 수 있습니다.
이미 성장한 어른임에도 어릴 적 상처로 인해
쉽게 움츠러드는 것일 수 있습니다.

혜정 씨는 남편과의 대화에서 점점 주눅이 들어갔습니다. 최근 직장일로 힘들어하는 남편이 퇴근 후 오면 그녀에게 아이를 잘 돌보지 못하고, 집 안이 지저분하다는 지적을 자주 했기 때문입니다.

주부의 역할을 잘 못한다는 말을 들으면서 '남편에게 인정받지 못한다'는 생각과 함께 앞으로 어떻게 살아야 할지 불안감이 밀려옵니다. 남편은 혜정 씨와 띠동갑인데, 남편의 회사가 어려워지면서 직장을 잃으면 앞으로 어떻게 살아야 될지 막막하기도 합니다.

혜정 씨는 연애 시절 남편이 칭찬과 격려로 사기를 잘 북돋아

주어서 결혼까지 결심하게 되었다고 했습니다. 그녀는 친구 관계에서는 문제가 없었지만, 윗사람과의 관계에서는 늘 어려움을 겪었습니다. 부모님, 선생님, 회사 상사들과 대화를 할 때면 눈치를 많이 보았는데, 고압적인 상사 앞에서 위축되는 일이 반복되면서 퇴사를 결심하게 되었습니다.

회사를 그만두면 홀가분할 줄 알았는데, 집에 있는 시간이 많아졌다고 육아를 잘 하는 것 같지도 않아 죄책감만 늘어갔습니다.

불안과 우울, 신체적인 피로로 인해 지쳐 갔고, 육아에 익숙하지 않다 보니 투입하는 시간과 노력 대비 결과가 눈에 잘 보이지 않았습니다. 한편으로는 외벌이인 남편이 생활비를 관리하게 되면서 어느 순간 그의 힘이 막강하게 느껴졌다고 했습니다.

혜정 씨와 남편과의 관계는 경제력의 균형이 무너져 있었고, 의사소통과 상호존중이 이루어지지 않는 상황이었습니다. 의사소통 communication은 공통communis이라는 라틴어에서 나온 말이라고 합니다. 양방향으로 이루어지는 것이 소통이지, 힘이 있는 사람이 말하고 약한 사람이 들어주기만 하는 것은 진정한 소통이라고 볼 수 없습니다.

⁘

가족치료사 사티어Virginia Satir는 의사소통 유형을 5가지로 나누었습니다. 의사소통 유형에는 회유형, 비난형, 초이성형, 혼란형, 일치형이 있습니다.

회유형

자신의 감정과 생각을 무시하고, 타인 및 상황을 배려하려고 합니다. 타인에게 좋은 사람으로 보이고 싶어하고, 타인의 인정을 초점에 두고 행동하며 타인의 고통을 줄여주려고 합니다. 상대에게 자신을 맞추는 스타일로 자존감이 낮고 자신의 감정을 억압하며, 액체 괴물처럼 경계선 없이 흐물흐물한 상태라고 볼 수 있습니다.

혜정 씨는 자신의 주장과 생각을 살펴보지 않고 타인의 의견에 자신을 맞추면서 살아오다 보니, '남편이 자신을 비난할 때마다 그 의견이 다 옳고 자신이 크게 잘못한 것 같다'는 생각이 들었다고 합니다. 감정을 표현하지 않고 화를 참다 보니 소화가 되지 않고, 스트레스 위경련 증상도 나타났습니다.

비난형

자신 및 상황은 중시하나, 타인을 무시하고 비난합니다. 자기주장이 강하고 공격적이며, 타인을 마음대로 하고 싶어 합니다. 다른 사람이 자신에게 맞춰줄 때 자신이 인정받는다고 여깁니다. 신화에 나오는 거인이 자신이 만든 침대에 사람의 키를 맞추어 늘리거나 줄이면서 죽이는 것처럼, 내 기준에 맞춰서 상대를 만들어 나갑니다.

비난형으로 말하는 사람이 옆에 있으면, 본능적으로 그 사람을 피하고 싶은 마음이 들 수도 있습니다. 혜정 씨의 남편은 연애 시절 잘 보이고 싶어서 칭찬과 격려를 많이 했지만, 친밀한 관계에서는 타인을 무시하는 성향이 있어 아내를 점점 더 통제하고자 했던 것입니다.

초이성형

자신과 타인의 감정에 공감하지 않고 무시합니다. 문제를 객관적인 정보에 근거하여 판단하고, 정확한 것만 이야기합니다. 원칙에 따른 자기주장과 생각만 말합니다.

드라마 〈비밀의 숲〉에 나오는 황시목 검사 같은 캐릭터로 자신과 타인의 감정에 흔들리지 않아 냉정하고 무미건조한 느낌이 드는데, 객관적 태도를 유지합니다.

혼란형

자신 및 타인, 상황을 모두 무시합니다. 다른 사람과 상호작용하지 못하고, 다른 사람의 보폭에 맞추지도 못합니다. 주의가 산만하고, 대화 중에 주제에 집중하지 못해 이말 저말을 하는데 혼란스럽기만 합니다. 자신의 생각을 타인에게 명확히 전달하지 못해서 관계를 맺는 것이 어렵습니다.

일치형

자신, 타인, 상황을 모두 존중합니다. 오롯이 자신으로 살아갑니다. 자신의 생각과 감정을 편안하게 이야기합니다.

유튜브 채널 〈방가네〉에서는 삼 남매의 꾸미지 않는 일상이 그려집니다. 보고 있으면 마음이 편하고 저절로 미소가 지어지기도 합니다.

일치형 방식으로 소통하는 사람은 자신의 감정을 그대로 알아차리기 때문에 생동감 있고, 높은 자기 가치감을 가지고 있습니다.

그렇다면 남편이 '아이를 잘 돌보지 못했다'고 화를 낼 때, 각 의사소통 유형에 따른 아내의 반응은 어떻게 다를까요?

회유형 여보, 미안해요. 내가 더 아이를 잘 보살폈어야 했어요.

비난형 그렇게 말하면 어떻게 해. 당신이 맨날 늦게 들어오니 내가 힘들어서 아이를 제대로 볼 수 없잖아. 당신이 뭔데 그러냐고!

초이성형 아이를 잘 돌보지 못한다는 게 무슨 뜻이야?

산만형 별것도 아닌데, 뭐가 그렇게 화가 난 거야. 배고파? 그럼 밥 먹을까?

일치형 아, 그래. 그렇게 생각할 수도 있네. 나도 아이를 돌보느라 힘들었어. 당신의 말이 서운하기도 해. 아이 양육을 함께할 수 있는 방법에 대해 이야기해보자.

회유형인 혜정 씨는 앞으로 어떻게 대화로 풀어나가면 좋을지 생각해보았습니다. 상대의 감정과 생각이 중요한 것처럼 자신의 감정과 생각도 중요합니다. 갈등 상황을 만드는 것이 불편해도 의사와 느낌을 표현해야 합니다. 문제가 생겼을 때 참는 것만이 최선이 아닙니다.

혜정 씨가 회유형의 대화 패턴을 갖게 된 데는 이유가 있을 것입니다. 그녀가 윗사람, 특히 부모님과의 관계는 어떠했는지 살펴보았습니다. 그리고 지금도 부모님이 소리 지르거나 화내는 것이 두렵고 걱정되는지 생각해보는 시간을 가졌습니다.

어린 시절 부모가 자주 다투었다면,
상대의 태도에 민감하게 반응하거나
지나치게 걱정이 될 수 있습니다.

남편과의 관계에서 위축되는 상황이 반복된다면
자신을 '아내'가 아닌 '야단맞고 있는 아이'로
인식하고 있을 수 있습니다.
이미 성장한 어른임에도 어릴 적 상처로 인해
쉽게 움츠러드는 것일 수 있습니다.

의사소통 유형 중 회유형이라면, 주장을 소극적으로 하는 경향이 있어서 표현하는 것이 어렵게 느껴질 수도 있습니다. 하지만 참고만 있으면 나보다 약한 대상인 아이에게 화를 터뜨리게 되거나, 스트레스를 받아 건강에 악영향을 줄 수 있습니다. 극단적으로는, 쌓아 두고 있다가 나를 힘들게 하는 타인과의 관계를 끊는 방식을 취하기도 합니다.

회사가 마음에 들지 않으면 퇴사하거나 이직하면 되지만, 가족 관계에서는 그렇게 할 수도 없습니다.

⁘

혜정 씨의 부모님은 의사소통 유형 중 '비난형'으로 자녀들의 의견에 귀 기울여주지 않으면서 자신만 옳다고 생각하고, 화가 나면 소리를 지르는 일이 잦았습니다.

그녀의 오빠는 부모님의 태도에 화가 나서 학교를 가지 않는 등의 반항을 했는데, 아버지는 강압적으로만 대응하여 갈등이 잦았습니다. 혜정 씨는 조용히 지내는 것이 더 낫다고 생각했습니다. 그녀처럼 친구들도 소극적이고 조용한 성격이었기 때문에 갈등 상황이 생기는 일이 없었습니다.

'일치형' 대화를 하려면 훈련이 필요합니다. 남편에게 자신의 생각과 마음을 표현하기 전에, 안전한 공간에서 믿을 만한 어른이

나 친구 앞에서 먼저 말해보는 경험이 필요할 수도 있습니다. 과거 소통방식에서 벗어나 현실에 맞게 바꾸어 나가는 연습을 하면 됩니다.

사티어가 제시한 의사소통의 내적 과정을 요약하면 다음과 같습니다.

1. 현재 상황을 옳고 그름에 관계없이 객관적으로 파악합니다.

우선 자신 및 타인의 생각과 말을 경청하고, 상황에 맞는 이야기인지 파악합니다. 이후 있는 그대로 상황을 말해봅니다.

2. 이 상황에 의미를 어떻게 부여하는지 생각해봅니다.

남편이 혜정 씨에게 화를 낼 때마다 그녀는 자신이 잘못해서 그렇다고 평가했습니다. 남편이 감정적으로 지나치게 분노하는 것은 아닌지 살펴보지 못하고, 자신만의 문제라고 여긴 것입니다.

3. 나의 감정을 알아차립니다.

나의 느낌과 생각을 알아차리게 될 때 타인과의 관계 형성이 가능해집니다. 혜정 씨는 우울하고 무기력하다고 말했습니다.

4. 감정을 판단하는 과정을 살펴봅니다.

우울하고 무기력한 것이 맞는지, 아니면 화가 나고 거부당한 감정을 느끼는지 세심하게 살펴보는 것입니다. 감정의 옳고 그름을 판단하지 말고, 그 감정을 받아들이고 그대로 봅니다.

5. 내가 어떤 유형의 방어기제를 가지고 있는지 살펴봅니다.

회유형은 감정을 부인하거나 억압하고, 비난형은 문제의 책임 소재를 타인에게 투사하고, 초이성형은 감정을 무시하고, 산만형은 상황, 자신과 타인을 모두 부인합니다.

6. 가족의 규칙을 생각해봅니다.

혜정 씨는 어린 시절부터 말하는 것을 좋아했습니다. 집에 손님들이 오면 이런저런 말을 하고는 했는데, 가족에 대한 이야기를 남들에게 했다는 이유로 그때마다 부모님께 혼이 났습니다. 부모님의 말에 묶여서 혜정 씨는 점점 자신의 이야기를 누군가에게 꺼내는 일이 힘들어졌습니다.

7. 자신의 외적 반응이 무엇인가를 봅니다.

부모님이 화를 내면 무조건 자신이 잘못했다고 느꼈던 감정과, 현재 남편의 말을 듣고 느끼는 감정이 비슷하다는 것을 깨닫게 되었습니다.

그녀는 인정받지 못해 슬프고 힘들었다는 것을 깨달았습니다. 남편은 지나치게 자신을 비난했고, 자신이 육아를 하면서 지쳐 있는 마음을 남편이 수용해주지 않아 서운했다는 것 또한 알게 됩니다. 자신이 불편한 감정을 가졌던 이유가 모두 자신만의 잘못만이 아니라는 것을 알게 된 그녀는, 남편의 말과 행동을 여과 없이 무조건적으로 받아들이지 않기로 했습니다.

이후 그녀는 갈등 상황에서 무조건 참지 않고, 남편이 자신에게 비난하는 것이 불편하다고 이야기했습니다. 남편이 화를 내더라도 두려워하지 않고 그렇게 말하는 것을 연습했고, 소리를 지르면 더는 이야기하기 힘들다는 한계도 설정했습니다.

또한 내가 육아를 잘하지 못한다고 당신이 화를 내는데, 화만 내지 말고 원하는 바를 정확하게 이야기해 주었으면 좋겠다는 말도 연습했습니다.

남편이 변하지 않을 수 있습니다.

그러나 갈등이 생겼을 때

내 감정을 표현하고

상대의 의견을 묻는 동시에

나의 한계를 설정해 두는 것은 중요합니다.

나의 의사소통 방법이 원가족(개인이 태어나거나 입양되서 자라 온 가정)으로부터 어떻게 영향을 받았는지 살펴보고, 남편과의 대화 패턴을 점검해보세요.

빙산의 일각처럼 겉으로 보이는 의사소통 방식을 살펴보면, 오랫 동안 가족 내에서 받은 영향을 알 수 있어 일상에 많은 도움이 될 것입니다.

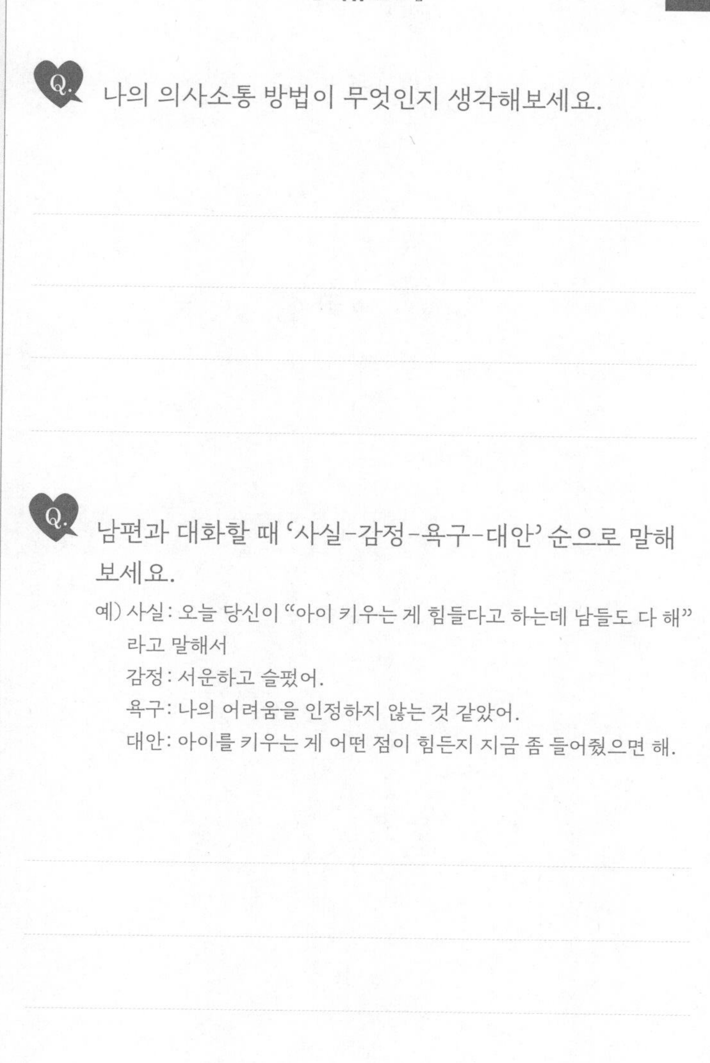

〖 **치유노트** 〗

Q. 나의 의사소통 방법이 무엇인지 생각해보세요.

Q. 남편과 대화할 때 '사실-감정-욕구-대안' 순으로 말해 보세요.

예) 사실 : 오늘 당신이 "아이 키우는 게 힘들다고 하는데 남들도 다 해" 라고 말해서
감정 : 서운하고 슬펐어.
욕구 : 나의 어려움을 인정하지 않는 것 같았어.
대안 : 아이를 키우는 게 어떤 점이 힘든지 지금 좀 들어줬으면 해.

Chapter 3

사랑을 주고 사랑을 받는 가장 완벽한 방법

친밀한 관계에서는
자율성과 의존성이 동시에 발생합니다.
그동안 수동적인 태도를 취해왔다면
자율성을 발휘하기 위한 연습이 필요합니다.

짐을 나누어 메고 책임을 지는 등산처럼, 결혼은 배우자와 인생의 여러 산봉우리를 함께 오르는 것입니다. 서로를 이해하고 지지해주며, 힘든 시기에는 어깨를 나란히 하고 어려움을 이겨내는 것입니다.

결혼 전에 내가 더 많은 사랑을 받는 쪽이었다고 해도, 결혼 후에는 함께 사랑을 주고받아야 합니다. 남편이 헛헛함을 모두 채워주기를 바랄 때 외로움은 더욱 커질 수밖에 없습니다.

결혼 후 남편의 말과 행동이 달라졌다고 말씀하시는 분들이 있습니다. 하지만 남편의 태도나 행동이 달라진 것이 아닐 수 있습니다. 결혼 전에는 서로 부담과 책임을 나눌 일이 없었고, 그것보다 더욱 중요한 것은 서로의 내면을 제대로 알지 못했을 가능성이 있습니다.

이러한 부분에서 발생하는 문제를 해결하려면 단순히 남편의 사랑이 변한 것으로 치부할 것이 아니라, 서로에 대해 깊게 알아가는 시간이 필요합니다. 서로의 기대와 요구가 맞지 않으면 실망하거나 상처를 줄 수 있고, 불화가 생겨 외로움이 더 커질 수도 있습니다.

혼자만으로는 자신이 무가치하다고 여기면
타인에게 기대고만 싶어집니다.
사랑받아야만 내가 행복해진다면
상처받는 일만 남을 것입니다.

남편이 나를 돌봐주지 않으니
그 사람에게 문제가 있고
그로 인해 고통받는다고 생각하면
나는 피해자로 남게 됩니다.
나의 힘을 자각하지 못하고
주도권이 상대에게 있다고 생각하면

관계 내에서 약자가 될 수밖에 없습니다.
누군가가 내 삶을 이끌어주기를 바라는
'수동성'을 버리는 것은
하나의 선택입니다.

⁘

가장 중요한 것은 '자율성'을 유지하는 것입니다. 남편에게 지나치게 의존하는 것은 상대를 지치게 합니다. '적절한 거리'를 유지하는 것은 인간관계뿐만이 아닌 부부 간에도 중요합니다.

자율성을 선택하면, 내가 할 수 있는 것들을 선택하고 나아갈 수 있습니다. 남편이 해주길 원하는 일 가운데, 내가 할 수 있는 것이 무엇인지 살펴볼 수 있습니다.

주말에도 남편이 일이 바빠서 함께 시간을 보내기 어렵다면, 어떻게 해결할지 생각해볼 수 있습니다. 남편이 차로 데려다주지 않아서 아이들과 이동할 때마다 힘들다고 원망하는 대신 운전면허증을 따서 아이와 편안한 시간을 보낼 수 있습니다.

사랑에 빠지는 것은 어렵지 않지만, 결혼 후 좋은 관계를 유지하기 위해서는 협력하는 자세가 필요합니다.

남편이 가정에 무관심하다면 자기주장 능력을 키워서 원하는 것을 구체적으로 말하는 것도 도움이 됩니다. 바꾸어야 할 것이 있다면 요청하고, 변화시키는 것이 필요할 수 있습니다. 결혼 전과 완전히 달라졌다고 비난하거나 투덜거리는 것이 아니라 실현 가능한 것을 요구하는 것입니다.

남편이 주말에 잠만 자거나 종일 TV만 보고 있다면, 1~2시간 만이라도 장을 보러 함께 가자고 요청해볼 수 있습니다.

사랑받기 위해 기다리는 것이 아닌
내가 상황을 선택하고 먼저 행동할 수 있습니다.
무언가를 시도하는 것이 어려울 수 있고,
남편이 쉽게 변하지 않을 수도 있습니다.

하지만 자율성을 가질 때
자신에게만 '초점'을 맞추던 것에서 벗어나
남편에게도 '관심'을 가질 수 있게 되고
이해할 수 있게 됩니다.

⁘

우리가 역사를 공부하듯이 그가 살아온 생애와 삶의 방식에 대해 이야기를 나누고, 중요한 삶의 가치가 무엇인지 이해해보는 시간이 필요할지도 모릅니다. 아내인 나를 아는 것, 그리고 남편을 아는 것은 부부관계에서 매우 중요합니다.

내게 결여되어 있는 것을 남편으로부터 받을 수 있다고 생각하거나, 그가 가지고 있는 것을 내게 주어야 한다는 수동적인 생각에서 벗어나세요. 삶은 단순하게 '의존성'과 '자율성' 2가지로 나뉘지 않습니다.

친밀한 관계에서는
자율성과 의존성이 동시에 발생합니다.
그동안 수동적인 태도를 취해왔다면
자율성을 발휘하기 위한 연습이 필요합니다.
남편의 마음을 읽고 이해하며,
자신의 마음도 표현해보는 것입니다.

상담가 게리 채프먼Gary Chapman은 5가지 사랑의 언어를 '인정하는 말, 함께하는 시간, 선물, 봉사, 스킨십'이라고 소개했습니다. 물론 이 5가지를 언제나 채워주는 배우자가 있다면 나의 결핍이 채워질 수 있을지도 모르지만, 세상 누구도 나를 완벽하게 채워줄 수 없습니다.

예를 들어 그가 칭찬을 좋아한다면 자상한 행동에 대해 '고맙다'는 말로 마음을 전할 수 있습니다. 만약 그가 함께 보내는 시간을 중요하게 생각한다면 데이트나 여행을 계획해보거나, 취미활동을 즐길 수도 있습니다. 작은 선물을 준비하거나, 남편이 좋아하는 것을 기억해 두었다가 선물해 주는 것도 좋은 방법입니다.

내가 원하는 사랑은 무엇인지 살펴보고 요구할 수도 있어야 합니다. 우리에게는 공감이 필요합니다. 남편에게 칭찬과 인정을 받고 싶은데 아무런 말이 없다면 남편에게 "일하느라 수고했어"라고 먼저 말할 수 있습니다. 또 남편이 나에게 "고마워"라고 말해주지 않아도 나 자신에게 '힘들어도 가정을 잘 꾸려나가고 있어'라고 다정하게 말할 수 있습니다.

이러한 작은 방법들은 아내는 남편의 관심과 사랑을 갈구하다 지쳐 비난하고, 남편은 아내에게 화를 내는 악순환을 끊는 데 도움이 됩니다. 내 안의 사랑받고 싶은 마음, 좌절된 슬픔을 직시할 때

상대의 마음도 같이 인식할 수 있습니다. 서로 무엇을 주고 있고, 서로 중요하다고 생각하는 것은 무엇인지에 대해 생각해보는 것은 성장과 관계 발전에 도움이 될 것입니다.

Chapter 4

배우자가 도저히 이해되지 않는 사람들에게

부부가 '행복한 가정을 이루고 싶다'는
같은 목표를 가지고 있어도
자라온 환경에 따라 원하는 것은 서로 다를 수 있습니다.

은영 씨는 오늘도 남편을 보면서 뚱한 표정을 지었습니다. 아이를 낳고 육아를 하면서 서로 사랑했던 시간은 지나가고 부모의 역할만 남은 기분입니다. 이럴 때마다 은영 씨는 부정적인 말을 속으로 되뇌었습니다.

'내 인생은 왜 이럴까?'

'나는 삶이 왜 이렇게 어려울까?'

자주 하는 혼잣말을 떠올려보면 반복되는 레퍼토리가 있습니다. 그녀는 친정아버지와 사이가 좋지 않았던 친정어머니가 하셨던 부정적인 말들을 자신도 동일하게 하는 것을 발견할 때면 눈물이 난다고 했습니다.

"저는 친정 엄마처럼 살고 싶지 않아요. 과거에서 벗어나 새롭게 살고 싶어요."

하지만 유년기 시절에 받은 교육과 가정환경 등은 낡은 필름처럼 남아서 인식과 가치관을 형성하는 데 많은 영향을 줍니다.

부부의 경우, 각자 부모로부터 영향을 받기 때문에 양가 부모의 생각과 방식이 대물림되는 경우가 있습니다. 그래서 폭력, 우울증, 조울증, 학대 등이 반복되는 가정에서 자란 아이들은 성인이 되어서도 부모는 나를 힘들게 했던 사람이고, 세상은 믿을 수 없는 곳이라는 생각을 하기도 합니다. 단순한 정신 건강을 넘어, 세상을 바라보는 마음의 창에도 영향을 주기 때문입니다.

그래서 양가 부모의 가치관, 대화 패턴, 성격이 현재 가족과 맞는지 맞지 않는지를 확인하는 작업들이 필요합니다. 상담에서는 자기관찰 능력이 중요합니다. 친정 부모님은 어떤 모습이었는지 떠올려보세요.

은영 씨의 어머니는 자기연민이 가득한 사람이었습니다.

"엄마는 결혼하면서 불행해졌어. 나는 참 운도 나쁘지."

어머니는 사랑받고 싶은 욕구가 강한 사람이었는데, 아버지의 귀가가 늦거나 술을 마시고 오는 날이면 안절부절못하셨습니다.

은영 씨가 학교를 마치고 오면, 어머니가 이불을 펴고 무기력하게 누워서 울고 있는 날도 적지 않았습니다.

친정어머니가 '내가 결혼을 잘못해서 이 모양으로 산다'는 자기연민의 뿌리가 깊었던 것처럼 은영 씨 역시 자기연민을 갖게 되었습니다. 그녀는 다른 사람이 자신을 사랑할 때만 자신이 소중한 사람이라고 생각할 수 있었기 때문에 힘겨운 나날을 보내야 했습니다.

⁘

가계도를 그리면 가족의 생활규칙, 가족 내에서 내려오는 습관, 결혼 내 부부관계, 가치관, 부모님이 물려주신 대화 패턴들을 찾아볼 수 있습니다. 집안 내력과 유전자 검사를 통해서 미래의 건강을 예측해볼 수 있듯이 가계도에는 부모로부터 내려온 나의 정보가 담겨 있습니다.

은영 씨는 가계도를 그려보았습니다. 점점 친정어머니처럼 살고 있는 자신이 보였습니다. 어머니처럼 남편에게 퉁명한 모습으로 변해가는 자신의 모습이 마음에 들지 않았습니다. 어머니를 비롯해서 이모도 이모부에게 사랑받고 싶어서 짜증을 내고, 아이들에게 자주 신경질을 냈던 기억이 떠올랐습니다.

아버지와 이모부는 감정의 변동이 크지 않은 차분한 성격의 사람들이었습니다. 어머니는 정서적으로 안정이 되지 않았기 때문에 결혼 후에도 자신의 결핍이 완전히 채워지지 않자 힘들어했습니다. 은영 씨는 자신 역시 남편에게 무엇을 원하는지 정확하게 말하지 않고, 마음을 알아주지 않을 때마다 화를 내는 자신을 발견할 수 있었습니다.

친정 부모님은 어머니의 여성스럽고 아름다운 외모에 반한 아버지의 적극적인 구혼으로 결혼을 하게 되었습니다. 그런데 결혼 이후에도 연애 시절처럼 어머니는 아버지에게 모든 면을 의존하고 문제가 생길 때마다 나서서 해결해주길 원하자, 지친 아버지가 어머니와 거리를 두기 시작한 것입니다.

어머니는 전업주부로 요리에는 관심이 많았지만 청소는 잘 하지 않았고, 아버지는 집이 깔끔하지 못한 것에 불만이 많았습니다. 어머니는 남편의 사랑 표현은 줄어들고 비난만 들으니 서로에게 불만이 쌓여 가면서 관계가 점점 더 소원해진 것입니다.

어머니가 관심을 원할수록 아버지의 귀가는 점점 더 늦어졌습니다. 서로가 서로를 괴롭히는 방식이 고착된 것입니다. 어린 은영 씨의 눈에는 부모님의 결혼생활이 행복해 보이지 않았습니다.

무의식의 힘은 크고 강합니다. 은영 씨는 가계도를 그리면서 부모님의 모습에서 자신의 모습을 발견할 수 있었습니다. 그녀는 반복되는 고리를 끊기로 결심했습니다.

⁘

가계도를 통해 부모로부터 물려받은 생각이
지금과 맞지 않다는 것을 깨달았다면
다른 방식으로 삶의 문제를 풀어 가면 됩니다.
가족이 나에게 준 영향을 살펴보고
내가 어떤 이야기를 갖고 있는지 알아보면
똑같은 선택을 하지 않을 수 있습니다.

그녀가 그리는 행복한 가족의 모습은 서로에게 관심을 갖고, 회사를 마치면 오늘 무슨 일이 있었는지 도란도란 이야기 나누는 것이었습니다. 결혼 전에는 주말마다 데이트를 하고, 여행을 자주 다니며 즐거운 시간을 보냈는데, 결혼하자 남편은 늦게 퇴근하거나 퇴근을 한 후에도 혼자 쉬고 싶어 했습니다. 그래서 그녀는 결혼생활이 불행하다고 느꼈습니다.

그녀는 아이들이 잠든 후, 오랜만에 남편에게 대화를 하자고 청했습니다. 남편을 쏘아붙이지 않고 차분하게 '어린 시절에 원했던 것과 남편에게 원하는 것'이 무엇인지 말했습니다. 남편 역시 편안한 분위기에서 자신의 이야기를 꺼냈습니다.

남편은 부모님의 사이는 좋았지만, 어린 시절 가난했기 때문에 현재 가족이 가난하게 사는 것이 싫다고 했습니다. 부동산 공부를 일찍 시작한 덕에 아파트 분양을 받게 되어 어느 정도 안정되었지만, 아이가 태어난 이후에는 어깨가 무거워졌다고 말했습니다. 그래서 회사를 마치고 집에 오기 전에 도서관에서 부동산과 주식 공부를 하고 온다고 했습니다.

"경제적인 부분은 가능하면 내가 해결하고 싶었어. 당신까지 걱정하게 만들고 싶지 않았거든."

그녀는 남편의 결핍과 자신의 결핍이 다르다는 것을 알게 되었습니다. 남편은 경제적인 것이 중요하고, 그녀는 따뜻한 지지가 필요했습니다. 은영 씨의 집은 여유로운 편이었기 때문에 정서적인 면이 더 중요했습니다.

그녀와 남편은 서로가 필요한 것이 무엇인지 이야기 나누었습니다. 자산을 늘리기 위한 공부를 남편 혼자 하지 말고 함께하기로 하고, 일주일에 한두 번은 아이들이 잠든 후 함께 이야기하는 시간을 갖기로 했습니다. 아침 식사 전과 출근을 할 때는 문 앞에서 서로 안아주기로 약속했습니다.

남편과의 마찰이 잦거나, 서로에 대해 더 깊게 이해하고 싶다면 부부가 함께 가계도를 그려보는 것은 좋은 방법입니다. 양가 부모님의 훈육 방법, 가족의 거리감과 친밀감, 감정을 표현하는 방법, 가족 간의 갈등 주제, 부모의 행동 패턴, 부모의 관계, 정신적인 어려움, 부모가 중요하게 여기는 가치관 등에 대해 알아갈 수 있습니다.

부부가 '행복한 가정을 이루고 싶다'는
같은 목표를 가지고 있어도
자라온 환경에 따라 원하는 것은 서로 다를 수 있습니다.
마음을 닫고 상처를 주고받는 것이 아닌
'어린 시절에 원했던 것'과
'서로에게 원하는 것'에 대해 이야기 나누면
서로가 원하는 부부상을 찾을 수 있게 됩니다.

가계도를 그리고 나면 원가족이 상처로만 이루어져 있지 않다는 것을 알게 됩니다. 가족 안에 있는 여러 가지 정보들을 살펴보면서 부정적인 영향, 긍정적인 자원들을 함께 파악할 수 있습니다.

어린 시절의 영향은 막강하지만, 자신의 가치관과 신념을 돌아보는 과정을 통해 자신을 발견하고 성장시킬 수 있습니다. 부모와 다른 삶을 살고 싶다면, 가계도는 현재 자신을 살펴보고 새로운 방식을 찾는 데 많은 도움이 될 것입니다.

〖 **치유노트** 〗

Q. 원가족의 가계도를 그려보세요.

예) 부모의 말과 행동 패턴, 훈육 방법, 가족의 거리감과 친밀도의 정도, 감정을 표현하는 방법, 가족 간의 갈등 주제 등

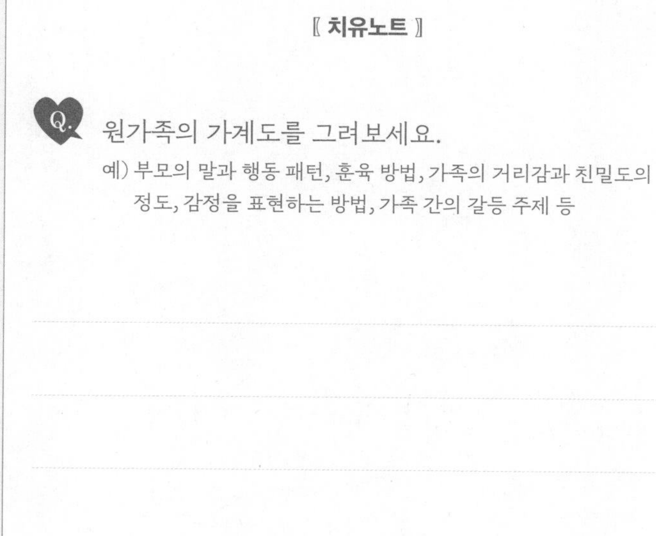

Q. 내가 어린 시절에 원했던 것과 배우자에게 원하는 것을 적어보세요.

Chapter 5

자신을 탓하는 말이 현실을 지옥으로 만듭니다

어떤 이들은 속상하고 슬픈 감정들에 대해서
마치 잘못된 것처럼 여깁니다.
즐겁고 좋은 감정만 있어야 한다면
매일 날씨가 화창하길 바라는 것과 같습니다.

우울에 대한 오해를 가지고 상담실을 방문하는 이들이 많습니다. '죽고 싶다'는 생각이 들어야만 우울증이고, 우울증이라고 생각하지 못하고 자신의 원래 성격이 비관적인 편인 줄 알았다는 분들도 있습니다. 평소 스트레스를 받기는 하지만 이 정도 일도 견디지 못하는 것이 한심하다면서 자신을 탓하는 경우도 있습니다.

긍정적인 감정에 대해서는 호의적이지만,
부정적인 감정이 들 때는
그대로 받아들이지 못하는 경우가 있습니다.

긍정적이고 열심히 사는 모습은 마음에 들지만,
불안하고 우울한 모습은 인정하고 싶지 않기 때문입니다.

속상하고 슬픈 감정들에 대해서
마치 잘못된 것처럼 여깁니다.
즐겁고 좋은 감정만 있어야 한다면
매일 날씨가 화창하길 바라는 것과 같습니다.

⁂

엄마가 우울할 때 가장 크게 문제가 되는 것은 무엇일까요? 엄마가 아이에게 관심을 가지고 민감하게 반응해주기 어렵습니다. 엄마가 정서적으로 둔감해지기 때문에, 감정에 적절한 반응을 받아보지 못한 아이는 자신의 감정을 제대로 인식하고 해석하기 힘들고, 나아가 타인의 감정을 공감하기도 어려워집니다. 또 엄마와의 감정적인 상호작용이 충분하지 않아 아이가 외로움을 느끼거나 문제 행동을 일으키기도 합니다.

그래서 자녀의 상담을 시작할 때 부모 상담을 통해 부모에 대한 이해가 필요한 경우도 있습니다.

우울은 생리적, 심리적, 사회적 모델bio-psycho-social model로 살펴봅니다. 즉, 환경적인 요인도 있습니다. 증상 자체만으로 보지 않고, 그 원인을 생각해보는 것이 먼저입니다.

일과 육아로 지치는 것은 엄마의 잘못이 아닙니다. 하지만 좋은 엄마가 되고 싶다는 생각은 몸과 마음을 더욱 지치게 합니다. 간혹 우울한 기분을 자신의 성격 문제로 치부하거나, 게으르고 무기력한 자신을 미워하는 분들이 있습니다. 가끔은 숨 쉬기가 힘들고, 사는 이유를 고민하면서 절망감을 느끼기도 합니다.

정서적으로 단절될수록
세상에 혼자 있는 듯한 기분을 느끼게 됩니다.
상담실에 와서 자신의 어려움을
처음으로 이야기해 본다는 분들이 있습니다.
직장에서는 하나의 부속품처럼 느껴지고,
누구와도 가깝게 지내지 못하는 것 같다고 고백합니다.
자신에게 믿고 의지할 곳이 없다는 생각 때문에
더욱 외로움을 느끼고

긴장감으로 인해 잠이 들기도 어렵습니다.

외로울수록 다른 사람과 함께 마음을 나누는 것이
쉬운 일은 아닙니다.
그러나 고립된 느낌이 들 때는
연결되어 있다는 안정감도 필요합니다.
남편과 친구들에게 속마음을 솔직하게 이야기하고,
어려움을 표현해보세요.
모든 짐을 혼자 짊어질 이유는 없습니다.

내가 나의 편이 되어주지 못하고, 자신을 반복적으로 비난한다고 달라지는 것은 없습니다. 자신을 탓하는 말을 멈추세요. 자신과의 대화를 변화시켜야 합니다.

자신이 생각하는 기준에 미치지 못할 때마다 자신을 탓하는 분들이 있습니다. 이상적인 기준은 높지만, 실제 이루기 어려운 경우도 있고, 생각만큼 실천으로 옮기기 쉽지 않기 때문입니다. 예전보다 에너지가 없다면, 지금 에너지가 없는 나 자신을 받아들이는 게 필요합니다.

상담에서는 상담사와 내담자가 눈을 마주 바라보고 어떠한 일이 있었는지, 어떤 기분인지 물어보는 시간이 있습니다. 상담사는 내담자를 비난하지 않고 있는 그대로의 감정을 들어주고 공감합니다.

상담에서 상담사가 구체적으로 질문하고 알아보는 것처럼, 오늘 나의 감정을 찾고 알아주세요. 그리고 힘들 때 어떤 대안이 있는지 찾아보는 것입니다.

언어화시킬 만큼 힘이 없다면, 글로 내 마음을 그대로 표현해봅니다. 내가 나를 토닥여주는 것이 처음에는 어색하지만, 보듬어주고 위로하는 시간이 나를 다시 서게 합니다.

화를 현명하게 표현하는 연습

감정을 발견하기 위해서는 훈련이 필요합니다.
자신의 감정을 찬찬히,
그리고 객관적으로 살펴보는 것입니다.

결혼 전 이나 씨는 활발한 성격이었습니다. 회사에서 힘든 일이 있으면 제주도에 가서 기분 전환을 하고 오거나, 스트레스를 심하게 받는 날이면 친구들을 만나 실컷 수다를 떨거나, 가끔 폭식을 하기도 했습니다.

결혼 후 출산하면서 감정 기복이 심해졌습니다. 아이를 어린이집에 보내기 위해 깨웠는데 한참을 일어나지 못했고, 아침밥을 먹으면서 계속 칭얼거려 버럭 소리를 지르고 말았습니다. 그녀는 눈물과 콧물이 범벅이 되어 어린이집으로 들어가는 아이의 뒷모습을 보니 죄책감이 밀려왔다고 했습니다.

부모가 감정을 폭발적으로 표현하면, 아이는 자신의 감정을 숨

기거나 억누르게 됩니다. 이 감정들은 사라지지 않고 있다가, 청소년기에 나타나는 경우가 많습니다. 어리고 힘이 약할 때는 두려워서 참고 있다가 폭발적으로 나타나는 것입니다.

아이가 자고 있는 모습을 보면 예쁘지만, 괜히 결혼한 것은 아닌지 후회도 밀려오고 자유롭던 미혼 시절이 그리워지기도 합니다. 뾰족한 가시가 돋친 것 같은 자신이 답답하기도 합니다. 그녀는 과거 자신이 밝은 사람이라고 생각했는데 그때의 모습은 모두 사라진 것 같다고 했습니다.

평소 우리는 '자신을 아끼고 소중하게 대하라'는 말을 자주 듣습니다. 그러나 이를 실천하는 것은 어렵습니다. 자신을 이해하고 받아들이기 위해서는 어떻게 해야 될까요?

이나 씨의 어린 시절 이야기를 들려달라고 했습니다. 그녀는 다른 사람을 배려하라는 말을 자주 들으며 성장했습니다. 다소 강압적이었던 친정어머니는 집에 놀러 오는 사촌 동생들이 이나 씨가 아끼는 인형을 빌려달라고 떼를 쓸 때마다 양보하라고 했고, 인형을 빼앗긴 기분은 알아주지 않았습니다.

그녀는 오랜 시간이 지났어도 억울하고 분한 감정이 없어지지 않는다고 했습니다. 화가 나서 울면 언니가 되서 뭘 그러냐고 혼나고, 속상해도 표현하지 못했던 억울한 감정들이 그대로 얼어붙은 것입니다.

⁘

예일 대학교 교수 마크 브래킷Marc Brackett이 쓴 《감정의 발견》에서는 감정을 다루는 5가지 기술에 대해 설명하고 있습니다. 감정을 인식하고, 이해하고, 명명하고, 표현하고, 조절하는 각 단계에 따라 자신의 감정을 살펴보는 것입니다.

1. 감정을 알아차립니다.

불편한 감정이든 힘든 감정이든 판단하지 말고 그대로 보는 것입니다. 에너지의 정도 즉 '활력'이 있는지 없는지, '기분'이 유쾌한지 불쾌한지 등으로 감정을 인식합니다.

이나 씨는 기분이 불쾌하고 화를 낼 때는 활력이 있지만, 화를 낸 뒤에는 에너지가 저하되었습니다. 단번에 감정을 인식하는 것은 어렵습니다. 마음을 알아차리는 것도 훈련이 필요합니다.

2. 감정을 이해합니다.

나의 생각이나 느낌, 몸짓으로 감정을 살펴보는 것입니다. 나의 감정을 이해해야 타인의 감정을 이해할 수 있습니다. 크고 작은 스트레스를 지속적으로 받으면 나중에는 감당하지 못할 정도로 커지게 됩니다. 지금 이 기분이 어떤지에 대해서 자신에게 먼저 물어보세요.

상담에서는 대본 없는 질문들이 오고 갑니다. 이나 씨는 무엇 때문에 힘겨운지 바라보기로 했습니다.

"아이를 저 혼자 돌보고 있다는 생각이 들어요. 바쁜 남편이 원망스럽고, 내 말을 잘 듣지 않는 아이 때문에 화가 나기도 하고요."

그런데 막상 화를 쏟아내고 나면 자신이 무능력한 부모가 된 것 같아 자신이 싫어지고 무기력해진다고 했습니다. 양육이 내 마음대로 되지 않고, 제대로 쉬지 못해 지친 것이었습니다. 상담에서 내담자를 따뜻한 시선으로 보는 것처럼, 감정을 이해한다는 것은 감정을 그대로 오롯이 바라보는 것입니다.

3. 감정에 이름을 붙입니다.

현재 어떤 감정인지 물어보면 이런 방식으로 표현하기도 합니다.

"그저 그래요."

"짜증이 나요."

"기분이 안 좋아요."

감정의 정체를 모르면 두려움이 커질 수밖에 없습니다. 마음이 불편한 상태에서 '짜증이 난다'고만 말하면 감정을 정확하게 파악하기 어렵습니다.

감정의 단어들을 살펴보고 감정에 이름을 붙이면, 감정을 구체적으로 이해하게 됩니다. 예를 들어 기분이 좋지 않다면, 많이 화가 난 것인지 조금 화가 난 것인지 그 정도를 알아보고, 슬픔인지 우울인지 감정에 대해서 알아차리는 것이 도움이 됩니다. 이나 씨의 감정은 '스트레스를 받는, 불안한, 근심하는'으로 활력은 높지만, 쾌적함은 낮은 상태였습니다.

감정의 단어 예시는 다음과 같습니다.

기쁨

감동적이다/ 자랑스럽다/ 사랑스럽다/ 만족스럽다/ 홀가분하

다/ 든든하다 등

두려움

걱정하다/ 긴장하다/ 무섭다/ 혼란스럽다/ 당황하다 등

불쾌

피곤하다/ 지루하다/ 어색하다/ 부럽다/ 부담스럽다/ 부끄럽다 등

분노

답답하다/ 억울하다/ 원망스럽다/ 지긋지긋하다/ 분하다/ 밉다 등

슬픔

그립다/ 막막하다/ 서운하다/ 안타깝다/ 허전하다/ 실망하다 등

4. 감정을 표현합니다.

부정적인 감정을 표출하지 못한 채 침묵해 버릴 때가 있습니다. 상담실에 오는 분들은 오랜 시간 감정을 표현하지 못한 경우가 많습니다.

아이는 감정을 솔직하게 이야기하고 표현합니다. 어른이 감정을 표현하는 것을 망설이는 이유는 연약해 보이는 것이 싫고, 관계가 악화되는 것이 염려되기 때문입니다.

하지만 지속적으로 자신의 감정을 표현하지 못할 때 우울해지고 지치게 됩니다. 감정을 억압할 때 차가운 분노에 휩싸이게 됩니다.

5. 감정을 조절합니다.

화가 나면, 일부 어린아이들은 벽에 머리를 부딪치거나 손가락을 빠는 방식으로 자신의 감정을 조절하려고 합니다. 어른의 경우에는 유튜브 등을 보면서 현실을 도피하거나, 자신보다 약한 존재에게 화를 쏟아내기도 합니다. 우울함이 극심하면 자해로 이어지기도 합니다.

어떤 감정이라도 느낄 수 있지만, 그 감정에 휩싸여 있는 것은 도움이 되지 않습니다. 대신 감정을 있는 그대로 살펴보면서 자신에게 이렇게 말해주세요.

"오늘 참 힘들었구나. 아이를 키우는 것이 처음이라 낯설고 어렵지?"

"마음대로 되지 않아서 속상하겠지만 점점 나아질 거야."

⁘

《감정의 발견》에서는 감정을 조절하는 방법으로 '마음챙김 호흡, 전망하기 전략, 주의돌리기 전략, 인지재구조화 전략, 메타 모먼트meta-moment'를 사용합니다. 이나 씨의 사례를 통해 이 5가지 방법에 대해 알아보겠습니다.

1. 마음챙김 호흡은 명상, 관상기도와 같은 맥락으로 숨을 고르게 하는 것입니다.

핸드폰을 손에서 내려놓고, 하루 1~5분 잠시 멈춰 서서 숨을 고르세요. 회사 근처에 공원이 있다면 점심시간을 활용해 숨 돌리기를 하는 것도 도움이 됩니다. 빠른 일상에서 교감신경계가 활성화되어 지나치게 긴장된다면 이완될 수 있도록 잠시 멈추는 것입니다.

2. 전망하기 전략은 힘든 감정을 해소하는 방법을 찾는 것입니다.

이나 씨는 아이가 어린이집에 갈 때마다 힘들어하는 일이 반복되고 있다는 것을 깨닫고, 그 이유를 구체적으로 찾아보기 시작했습니다. 어린이집 교사와의 통화를 통해 아이가 친구 사귀는 것을 어려워한다는 이야기를 들었고, 이 사실을 받아들이게 되었습니다.

이후 상담실에서 종합심리검사와 부모검사를 받은 뒤 치료를 시작했습니다. 혼자서만 고민하는 것이 아닌 전문가의 도움을 받기로 한 것입니다.

그리고 주말에 1시간 정도 남편을 아이에게 맡기고 산책하는 시간을 갖기로 했습니다. 퇴근한 후에는 차에서 10분이라도 숨을 돌리고 집에 들어와 집안일을 시작하고, 아이가 잠든 시간에는 자신이 좋아하는 음악을 듣기로 했습니다.

미혼 시절 자신에게 주는 보상 여행이 사라지고 나서 자신을 돌보는 방법을 알지 못했던 이나 씨는 스트레스를 해소하는 다양한 방법을 찾을 수 있게 되었습니다.

3. 주의돌리기 전략을 사용합니다.

결혼 전에는 불쾌한 감정이 들거나 스트레스를 받으면, 외부 활동을 하거나 밤늦게까지 핸드폰을 보는 등 회피전략을 취할 수 있습니다. 하지만 육아는 내가 원하는 순간마다 피할 수 없습니다.

과거 이나 씨는 여행을 통해 현실을 잊고 다른 곳에서 즐거움을 찾을 수 있었지만, 육아를 하면서는 마음 놓고 푹 쉬는 것조차 쉽지 않았습니다.

이때는 아이를 돌보지 않는 동안, 앞으로 가고 싶은 여행지의 사진을 찾으며 기대해보는 것이 도움이 됩니다. 감정을 도닥여주는 자기 대화도 해볼 수 있습니다.

'아이가 좀 더 크면 함께 여행을 갈 수 있을 거야.'

'아이와 함께할 수 있는 체험 정보도 찾아봐야지.'

4. 인지재구조화 전략을 사용합니다.

같은 사건이라고 할지라도 어떤 관점으로 바라보냐에 해석이 달라집니다. 상대가 악의를 가지고 나를 힘들게 만든다고 생각하면 기분이 더 불쾌해지기 마련입니다.

아이가 아침에 일어나서 힘들게 할 때 순간적으로 부정적인 생각이 들더라도, 나를 애먹이기 위해 일부러 그러는 것이 아니라 어린이집에 가기 싫어한다는 사실을 받아들이는 것입니다.

삶이 힘들수록 문제를 타인의 탓으로 생각하려는 경향이 강해집니다. 지금까지 '아이가 나를 힘들게 한다', '남편이 집에 늦게 오는 것은 나를 배려하는 태도가 아니다', '세상이 나를 힘들게 한다'는 생각을 해왔다면, 내 감정에 의한 판단인지 객관적으로도 실제 그러한 것인지 살펴봅니다. 아이는 아직 어리고, 남편 역시 지친 상태일 수 있습니다.

5. 메타 모먼트는 행동을 잠시 멈추는 것입니다.

불쾌한 감정이 나를 휩싸는 순간 잠시 멈추는 것입니다. 아이가 어린이집에 가지 않겠다고 떼를 쓸 때 소리를 지르기 전에 '예전에는 이런 상황에 어떻게 대처했었지?', '난 이 상황을 어떻게 해결하고 싶은 거지?' 하고 살펴봅니다. 이처럼 생각한 후에 행동합니다.

감정을 발견하기 위해서는 훈련이 필요합니다.
자신의 감정을 찬찬히,
그리고 객관적으로 살펴보는 것입니다.
이런 습관들은 감정을 이해하고
현명하게 표현하는 데 도움을 줄 것입니다.

잠시 시간을 느리게 보내는 즐거움

아이와 함께하는 시간이 중요하지만
엄마가 혼자 보내는 시간도
충분한 의미가 있습니다.

'아이를 키우는 게 왜 이렇게 힘들지?'

'엄마라면 이 정도는 해야 되는 거 아니야?'

'나는 모성애가 없는 사람인가?'

결혼 전에는 인지하지 못했던 자신의 바닥을 볼 때면 견딜 수 없는 좌절감을 느끼기도 하고, 짜증이 나는 자신이 미워지기도 합니다.

상담실에서 만난 지민 씨는 어린이집에 다녀온 후부터 잠들기 전까지 아들 둘이 자신에게 계속 놀아달라고 해서 지친다고 했습니다. 한편으로는 자신이 아이들을 잘 돌보지 못하는 것 같다며 속상한 마음을 토로하기도 했습니다.

그녀의 하루를 함께 살펴보기로 했습니다.

"아침에 아이들을 어린이집에 보내고 나면 설거지와 청소를 해요. 잠시 쉬면서 유튜브를 보다가, 점심시간이 지나면 바로 아이들을 하원시켜서 집으로 데리고 와요. 제가 집에 있으면서 어린이집에 보낸 것이 아이들에게 너무 미안해요."

그러나 아이들을 돌보는 것이 힘들어 짜증과 화를 냈고, 다시 자책감을 느끼는 일이 반복되고 있었습니다. 그래서 그녀에게 이렇게 말했습니다.

"아이들을 데리고 와서 제대로 볼 수 없으면 어린이집에 저녁까지 있게 해도 됩니다. 마음 편하게 혼자 있는 쓸 수 있는 시간이 주어진다면 하고 싶은 일이 있으신가요?"

"책을 마음껏 읽고 싶어요. 하루하루가 어떻게 지나가는지도 모르겠어요. 밥을 급하게 먹는 것이 습관이 되어 버렸어요."

지민 씨에게 아이들을 어린이집에 보내고 나면, 바로 식탁에 앉거나 카페에 가서 책 읽는 시간을 가지라고 했습니다.

⁘

100점짜리 엄마가 아니어도 됩니다.
70점짜리 엄마여도 괜찮습니다.
청소는 로봇청소기에게
설거지는 식기세척기에게 맡기고
자신만의 시간을 가지세요.
살림과 육아로 내 시간을
모두 뺏기는 것 같아 지친다면
자신을 우선순위에 두어도 괜찮습니다.

사는 것이 왜 이렇게 힘들까요?
내가 할 수 있는 것은 모두 미루고
엄마로 살아가야 한다는
부담감이 컸기 때문일 수 있습니다.
아이와 함께하는 시간이 중요하지만
엄마가 혼자 보내는 시간도
충분한 의미가 있습니다.

⁘

혼자만의 시간을 즐기면서 읽는 책은
마치 다른 세계로 들어가는 티켓과 같습니다.
특히 내 상황을 공감하고 이해해주는 책은
내면과 깊이 소통하고 안정을 찾는 데 도움을 줍니다.

저는 하루하루가 버거울 때
힘든 시간을 잘 버틴 이들이 쓴 글을 읽기도 하고,
불안으로 가득 찰 때
나 또한 불안했다고 말하는 이들의 글을 읽습니다.

'엄마라면 이래야 한다'는 이상적인 자아상으로 인해 힘들 때도 많을 것입니다. 살림도 잘하고, 일도 잘하고, 날씬하고, 아이들의 감정도 잘 공감해주는 엄마가 되고 싶지만, 작은 일에도 지치고, 남편도 귀찮으며, 다른 아이들보다 부족한 것 같은 아이 때문에 쉽게 화를 내는 내 모습을 받아들이기 어려울 때가 있습니다.

'반드시 이래야 한다'는

압박과 죄책감으로 괴로울 때
책은 삶의 거울이 되어줄 것입니다.

나와 비슷한 사람이 있다는 것을
수용받는 경험을 할 때
엄마로서 아이를 사랑하지 못할 때도 있는
부족한 내 모습을 있는 그대로 이해할 수 있습니다.
수용받는 경험은 사람을 변화시킵니다.

자신만의 작은 세상인 케렌시아를 가지면
자신을 돌보고 치유하며
일상에 집중할 수 있는 에너지를 얻을 수 있습니다.
그리고 그것은 가족을 향한
사랑과 이해의 첫걸음이 됩니다.

우울증에서 벗어나는 연대감 만들기

소소한 만족감은 새로운 활력이 됩니다.
변화가 모이면 삶은 즐겁고 의미 있게 빛납니다.
작은 노력들이 우울로부터 빠져나올 수 있도록 도와줄 것입니다.
당장 큰 변화가 아닌 아주 작은 변화부터 경험해보길 바랍니다.

우울증 증상이 있지만, 자신이 우울증인지 아닌지 모르겠다며 상담실을 찾아오기도 합니다. 자녀를 돌보는 것이 지치고, 남편에게 특별한 이유 없이 화가 나고, 회사에서도 인정을 못 받는 것 같아서 힘겹다고 합니다. 상담실에 우울증 여부를 확인하러 오시는 경우, 이미 우울증이 오래된 사례가 많습니다.

그래도 상담실에 오는 분들은 우울증을 극복할 수 있다는 믿음을 가지고, 앞으로 자신을 보살피는 방법을 배울 수 있습니다. 우울로 힘들어하는 사람들은 대부분 혼자서 해결하려고 합니다.

강한 모습만이 인정받을 수 있는 세상에서

연약한 모습을 마주하려면 용기가 필요합니다.

⁘

무기력해지고, 작은 일에도 화가 날 때, 사람들을 만나고 싶지 않을 때 몸의 신호에 귀 기울여보세요. 마음을 돌봐주지 않을 때 마음은 몸으로 답답함과 어려움을 표현합니다.

몸이 축 늘어지거나, 울적한 감정이 들 때 주로 어떻게 해결하나요? 손쉽게 많은 사람들이 유튜브나 게임 등에 몰입합니다. 혼자만의 세계로 들어가 안정감을 느끼는 것입니다.

하지만 우울한 사람에게 가장 필요한 것은 사람들과의 연대감을 높이는 것입니다. 이때 정기적으로 만나거나 연락하는 사람이 있으면 도움이 됩니다. 외부와의 연결고리는 혼자 있을 때 느끼는 외로움이나 무의미함을 덜어주는 좋은 방법입니다.

외로운 사람일수록 타인에게 거는 기대가
지나치게 클 수 있습니다.
타인이 나의 말을 잘 들어주고

감정을 온전히 이해해주기를 바라는 것입니다.

사람들이 나와 다르게 생각하거나
원하는 만큼 공감을 받지 못한다고
실망하지 않아도 됩니다.
모든 사람은 이상적일 수 없고
인간으로서의 한계도 있습니다.

연대감은 끈끈한 관계가 아닌 취향 공동체에서도 만들 수 있습니다. 평소 좋아하거나 관심이 있었던 분야의 동호회에 가입하거나, 온라인 모임에서 새로운 친구를 만날 수 있습니다.

아이를 어린이집에 보내고 한 달에 한 번 만나는 모임을 기다리는 엄마들도 있습니다. 오픈 카카오톡 채팅방에서 만나 그룹원들의 환영을 받고, 비슷한 감정과 생각을 나누면서 친밀감을 느끼게 되었다는 이들도 있습니다. 코로나 이후, 비대면으로도 연대감을 만들 수 있는 기회와 방법이 다양해졌습니다.

⁂

외로움, 고립감, 우울을 느낄 때
자신에게 말을 걸고 질문해보세요.
'요즘 많이 힘들지?'
'어떤 점이 가장 힘들어?'
'그 점을 어떻게 개선해 나가면 좋을까?'

요가, 기도, 명상을 통해 잠시 쉬어가는 것도 좋은 방법입니다. 밖으로 나가지 않더라도 앱을 이용해 명상을 하면서 하루 10~20분이라도 깊이 있게 내면과 소통하는 시간을 보내는 겁니다. 짧게라도 나만을 위한 시간을 가지면 자신이 소중한 사람이라는 느낌을 받을 수 있습니다.

상담실에서 상담은 일주일에 1회 50분으로 진행이 되는데, 상담을 받지 않는 날에도 자신을 돌보는 시간을 가지라고 제안합니다. 매일 꾸준히 하면 자기 돌봄이 습관으로 자리 잡을 수 있습니다.

⁘

타인과의 연대가 부담스럽거나
상황이 여의치 않다면
자연과 연대감을 누리는 일은
혼자서도 할 수 있습니다.

아이가 어린이집에 간 시간을 활용해보세요. 규칙적으로 운동을 가기 어렵다면 하루 30분 정도의 산책만으로도 햇빛을 받으며 세로토닌 지수를 높일 수 있습니다. 몸의 순환기능이 좋아지고, 새로운 풍경을 만나면 감각이 살아나기도 합니다.

저 또한 상담사로서 휴식을 취하기 위해 점심시간에는 상담실 근처 공원을 산책합니다. 숲을 걸으며 자연이 주는 즐거움을 만끽합니다. 따뜻한 햇살과 나무의 향을 느끼면서 인간이 자연의 일부라는 걸 다시 한번 느끼게 됩니다.

죽고 싶거나, 무기력으로 바닥을 치는 것만이 우울은 아닙니다.
감정이 둔화되어 기쁨을 느끼지 못하거나
즐거운 일에 대한 흥미를 잃는 경우도 있습니다.

자신을 지지하고 돌봐주세요.

소소한 만족감은 새로운 활력이 됩니다.
변화가 모이면 삶은 즐겁고 의미 있게 빛납니다.
작은 노력들이 우울로부터 빠져나올 수 있도록 도와줄 것입니다.
당장 큰 변화가 아닌 아주 작은 변화부터 경험해보길 바랍니다.

〖 **치유노트** 〗

당신에게 즐거움을 주는 것은 무엇인가요? 소소한 기쁨이 삶을 풍요롭게 합니다. 즐거움을 주는 것들을 떠올려보고, 리스트로 만들어보세요.

예) 사각거리는 이불보, 동네 산책, 아이의 웃음소리

짜증이 난다면 체력을 먼저 기르세요

한쪽으로 치우쳐 있는 삶은 행복하기 어렵습니다.

삶의 균형을 맞추고

신체적, 정신적 건강을 지키세요.

사춘기 청소년들이 어른이 되고 싶지 않다는 말을 하고는 합니다. 이유를 물어보면, "행복해 보이는 어른이 없어서요"라고 대답합니다. 이 말은 우리에게 많은 고민거리를 남깁니다. 어떻게 하면 아이들이 행복한 어른들의 모습을 보면서 성장할 수 있을까요? 가장 좋은 방법은 우리가 아이들에게 좋은 역할 모델이 되는 것입니다.

아이가 커서 되고 싶은 사람이 '엄마'라고 말할 수 있다면
엄마가 삶에 만족한다는 의미일 것입니다.
그 모습은 아이의 삶의 원동력이 됩니다.

아이를 키우다 보면 아이의 행복이 나의 행복이 될 때가 있습니다. 돌봄 노동은 끝이 없지만 아이가 성장해가는 모습을 보는 것이 커다란 기쁨이기 때문에 나를 희생하기도 됩니다. 아이에게 맛있는 음식을 하나라도 더 입에 넣어주고 싶고, 좋은 책을 한 자라도 더 읽게 해주고 싶습니다.

하지만 어느 순간 나의 노력과 희생을 몰라주는 아이에게 섭섭하다면 잠시 멈추어야 할 때입니다.

엄마가 할 수 있는 것 이상으로 애쓰면
아이에게 서운한 순간이 있는데
'내가 어떻게 했는데 그걸 몰라주는 거야?'라는 마음이 든다면
부모와 아이와의 경계가 허물어지고 있는 것입니다.

독립적이라는 것은
나 자신으로, 행복하게 살아가는 엄마로
오롯이 서는 것입니다.
부모가 삶에 지쳐 있거나
아이 때문에 짐을 지고 살아가는 것처럼 보일 때

아이는 삶의 무게를 안고 살아가게 됩니다.
정서적인 짐은 아이가 앞으로 나아가지 못하게 하고
미안함과 죄책감으로 살게 합니다.

아이에게 정서적으로 기대는 엄마가 되지 않으려면
나의 몸부터 돌보는 것이 필요합니다.
엄마로서 자신의 세계를 잘 가꾸고
행복한 모습을 보여주는 것이
아이가 행복해지는 길입니다.

⁂

유이 씨는 놀이터에서 아이를 데려와 씻기고 식사를 챙겨주고 나면 방전되는 느낌입니다. 남아 있는 힘이 하나도 없을 정도로 아이와 놀아주었는데도, 아이의 요구는 끝이 없고 언제까지 엄마 노릇을 해야 하는지 화도 납니다.

남편이 회사를 마치고 오면 함께 육아를 하지만, 아빠가 있어도 아이는 그녀에게만 껌딱지처럼 붙어 있습니다. 아이를 낳기 전에는 캠핑과 등산 등을 즐겨 갔는데, 유이 씨는 언제쯤 자유롭게 외출이 가능할지 한숨이 나옵니다. 그녀의 사연을 들은 제가 말했습니다.

"남편에게 아이를 맡기고 주말에 잠시라도 바람을 쐬고 오세요."

"저도 그러고 싶은데, 그렇게 할 수가 없어요."

"어려운 이유가 있나요?"

"남편은 아이와 둘이 있을 때 아이가 좋아하는 영상만 계속 틀어줘요. 영상을 많이 보는 게 아이에게 안 좋을 것 같아 걱정되요."

엄마가 되면 아이에게 좋은 것만 주고 싶습니다. 그러나 그녀가 놓치고 있는 것이 하나 있었습니다. 엄마가 육아에 지쳐 자주 짜증을 내고 뾰로통한 얼굴로 있으면 아이는 불편한 분위기를 느끼게 됩니다.

아이를 돌볼 때 부모가 한 공간에 있다고 하더라도 엄마가 중심이 되고 아빠는 서포트하는 경우가 많습니다. 엄마 입장에서는 아이를 두고 외출해도 되는지 고민이 될 수도 있지만, 남편이 아이와 잘 놀아주지 못한다고 해도 잠시입니다. 엄마에게도 충전할 시간이 필요합니다.

또한 남편이 아이를 돌보는 것이 서툴고 어설퍼 보여서 엄마가 혼자 다 챙기려고 한다면, 점점 아빠가 아이와 함께할 수 있는 시간과 기회가 점점 줄어듭니다. 내가 원하는 만큼 남편이 아이를 잘 돌볼 수 없다고 해도 노력하는 것을 인정해주세요.

유이 씨도 마찬가지로, 엄마로서 일, 육아, 살림 어느 정도 엉성하고 모자란 모습이 있더라도 받아들이는 것입니다. 내가 원하는 만큼 엄마 노릇을 할 수 없다고 하더라도 지금 이대로 괜찮다고 받아들이는 것입니다.

그녀는 아이를 남편에게 맡기고 용기를 내서 일주일에 두 번씩 운동을 나가기로 했습니다. 땀을 흘리고 나니 몸이 개운해지고 잠시 여유를 가질 수 있게 되었습니다. 자연스럽게 아이에게 짜증을 내거나 화를 내는 횟수가 줄어들었습니다.

규칙적으로 외출하기 어렵다면
유튜브나 앱을 이용해 하루 30분씩 운동을 하고
어린 시절 칭찬나무의 잎에 스티커를 붙였던 것처럼
10분에 한 개씩 칭찬스티커를 붙여주세요.
그리고 스티커가 10개 모이면
자신에게 상을 주는 것입니다.

좋아하는 커피 브랜드가 있다면
느긋한 마음으로 커피를 마시러 가는 겁니다.

다이어트를 위해
식단 조절을 하거나 근력 운동을 해도
즉각적으로 건강해진다는 느낌이 들지 않습니다.
꾸준한 노력이 필요하고,
일정 시간이 지나야 결과가 나타나기 시작합니다.
효과가 바로 눈에 보이지 않기 때문에 포기하기 쉽습니다.
칭찬스티커를 붙이는 것이
무슨 효과가 있을까라고 생각할 수 있지만,
결과가 눈으로 보이고 보상이 있을 때
행동이 더 촉진됩니다.

한쪽으로 치우쳐 있는 삶은 행복하기 어렵습니다.
삶의 균형을 맞추고
신체적, 정신적 건강을 지키세요.

고되고 가끔은 고통스러웠던 육아가
훨씬 가벼워질 것입니다.

건강한 엄마가 건강한 육아를 할 수 있습니다.

지친 엄마가 아닌 씩씩한 엄마의 모습을 그려봅니다.

무기력을 극복하는 작은 습관

미루기만 하는 삶,
정리가 안 되는 삶,
시작이 어려운 삶이었어도
오늘부터는 내가 원하는 삶을 선택할 수 있습니다.

"오전에 아이를 유치원에 보내고 좀 쉬다 보면 아이가 오는 시간이 금방 돼요. 오후에는 마트에 들러 장을 보고, 아이와 놀아주다 보면 하루가 다 가버리네요."

주연 씨는 모두에게 똑같이 하루 24시간이 주어지는데, 아이를 키우면서 왜 이렇게 시간이 빨리 사라지는 것인지 모르겠다고 했습니다. 대학에 다닐 때는 학점이 남고, 회사에 다닐 때는 월급이 남는데, 육아는 바쁘게 발을 동동 굴리며 살아도 남는 것 없이 하루가 금방 지나가 버리는 느낌입니다.

내 시간은 도대체 어디로 갔는지 모르겠고, 여기저기 군살이 늘어나 몸에 대한 자신감은 줄어들고, 남편은 바쁜 시간을 보내며 커리어를 쌓고 있는데 나만 뒤처지고 있다는 생각에 깊은 한숨이 나옵니다.

'도대체 내 삶은 어디로 갔을까?'

주연 씨는 아이를 어린이집에 보내고 소파에 누워 재미있는 유튜브 영상을 보며 기분 전환하는 것이 습관이 되었다고 했습니다. 빨래를 계속 미루고, 청소하지 않는 날들이 지속되었습니다.

청소해야지 마음을 먹다가도 시작하는 것이 쉽지 않았다고 합니다. 물건을 제자리에 두지 않아서 일상생활이 점점 불편해졌고, 반복되면서 더욱 무기력해졌습니다. 이 과정에서 남편과 자주 다투게 되었습니다. 가끔 대청소를 해도 얼마 지나지 않아 금세 다시 어질러지는 것이 문제였습니다.

⁘

습관을 만들기 위해서는 훈련이 필요합니다. 주연 씨는 청소를 힘들고, 재미없고, 하기 싫은 것이라는 생각을 하고 있었습니다.

자기계발 전문가 제임스 클리어James Clear는 《아주 작은 습관의 힘》에서 습관에는 '신호, 열망, 반응, 보상'이라는 4가지 순서가 있다고 소개합니다. 이 순서로 예를 들어보겠습니다.

1. **신호** 양육 때문에 스트레스를 받습니다.
2. **열망** 지치고 힘들어서 기분 전환을 하고 싶습니다.
3. **반응** 즐거움을 위해서 유튜브를 봅니다.
4. **보상** 재미를 충족합니다.

러시아의 생리학자 파블로프Pavlov의 개 실험에 대한 이야기를 들어본 적이 있을 것입니다. 일정 기간 동안 개들에게 사료를 주면서 종소리를 들려주었더니, 이후에는 사료를 주지 않고 종소리만 들어도 개들이 침을 분비했다는 내용의 실험입니다. 종소리가 울리면 반사적으로 침이 분비되도록 학습된 것입니다.

일상에서 우리는 일정한 시간 또는 장소에서 습관처럼 어떤 일을 반복하고 있는 경우가 있습니다.

'심심한데 유튜브나 볼까?'

유튜브는 내가 보던 영상을 분석하여 알고리즘이라는 마법으로 눈을 떼지 못하게 합니다. 청소를 해야겠다는 생각은 들지만, 핸드폰을 한 번 손에 쥐면 소파에 앉아 한두 시간을 훌쩍 넘기게 됩니다. 스트레스를 받았으니 이 기분을 풀고 싶다는 열망으로, 유튜브를 보면서 시간을 보내는 패턴을 반복하게 됩니다.

우리 삶에는 많은 습관들이 존재합니다. 이 습관들을 통해 문제에 대처합니다. 적극적으로 문제에 빠르게 대응하기도 하고, '폭식, 게임하기, 유튜브 시청' 등과 같이 문제를 회피하는 방법을 선택하기도 합니다. 회피 전략은 일시적으로 두려움이나 불안을 해소하지만, 문제를 실제로 해결해주지 않기 때문에 오히려 크게 키워 해결을 지연시킵니다.

그러면 나쁜 습관을 좋은 습관으로 어떻게 바꾸면 될까요? 어린이집에 아이를 보내고 난 후 스트레스를 해소하고 싶다는 열망이 생기면, 유튜브를 보는 습관 대신 대체되는 다른 습관을 만들어보는 것입니다. 카페라테를 좋아한다면 미각의 즐거움을 느끼는 방법으로 보상해주는 것입니다.

'기분이 좋아지고 싶다'는 열망을 채운 후, 설거지하는 습관을 만들어보는 것입니다. 설거지가 끝나면, 어질러진 물건을 정리하고 청소기를 밀고, 세탁기에 빨래를 넣고 돌리는 것입니다. 미룰수록 더욱 하기 싫어지고, 할 일은 그대로 남아 마음이 불편했던 일로부터 벗어나는 것입니다.

목표를 세우고 실천하기 위한 계획을 세울 때
도움이 되는 것이 리추얼ritual입니다.
리추얼이란, 일상에 활력을 주는 규칙적인 습관으로
의식, 의례를 뜻합니다.
하기 싫지만 해야 할 일을 시작하기 전에
내가 가장 하고 싶은 일을
리추얼로 만드는 것입니다.

이 사례에서 리추얼은 아이를 어린이집에 보낸 후, 집안일을 시작하기 전 카페라테를 마시는 것입니다.

저 또한 새벽에 일어나 차를 한잔 마시고 글을 쓰기 시작합니다. 집중이 잘 되는 시간에 글을 씁니다. 정해진 시간의 힘은 큽니다.

어떤 습관을 만들고 싶다면 제임스 클리어는 무엇보다 자신의 '정체성(자신이 어떤 사람인지 깨닫고 인식하는 과정)'이 중요하다고 이야기합니다. 저는 책을 쓰는 '작가'가 되고 싶었습니다.

혼자 글 쓰는 습관을 만들기는 힘들 것 같아서 글쓰기 카페에 가입했습니다. 카페에 가입한다고 크게 달라지는 것은 없었고 출간 가능성도 낮았지만, 혼자서 글을 쓰는 습관이 생겼습니다. 글쓰기 플랫폼 브런치에 글을 쓰기 시작했고, 출판사에서 제안을 받아 출간한 것을 시작으로 여러 권의 책을 집필한 작가가 되었습니다.

독서를 많이 하고 싶다면 '책을 읽는 사람'으로서의 정체성을 가지고 습관을 만들면 됩니다. 우리 안에는 스스로 가지고 있는 정체성이 있습니다. 나는 '청소하기 싫어하는 사람'이라고 생각하면, 앞으로도 청소를 미루게 될 것입니다. 귀찮더라도 청소하는 습관을 만들면 '정리하는 사람'이라는 새로운 정체성을 갖게 됩니다.

주연 씨가 책 읽는 습관을 갖고 싶다면 '청소를 마치고 책을 읽는 사람'이라는 정체성을 만들면 됩니다. 유튜브를 보면서 시간을 낭비하지 않고, 책을 읽는 것은 나를 위한 시간을 만들기로 선택하는 것입니다.

'하루 1시간으로 무엇을 얼마나 할 수 있을까?'라는 생각을 할 수도 있습니다. 하지만 하루 1시간이 모여 1년이면 365시간입니다.

책을 좋아한다면 독서 모임에 참여할 수도 있고, 책을 읽고 리뷰를 블로그에 올릴 수도 있습니다. 전업주부에서 작가가 된 사례를 보면, 독서와 글쓰기에 관심을 가지고 꾸준히 노력한 결과였습니다.

미루기만 하는 삶,
정리가 안 되는 삶,
시작이 어려운 삶이었어도
오늘부터는 내가 원하는 삶을 선택할 수 있습니다.
'선택의 힘'을 알고 기르면
무기력을 극복할 수 있습니다.

원하지 않는 역할에서 벗어나세요

우리는 영화를 볼 때 주인공이 보지 못하는
전체 이야기를 객관적으로 조망할 수 있습니다.
마찬가지로 가족의 전체 상황을 바라볼 수 있을 때
원하지 않았던 역할에서 벗어날 수 있을 것입니다.

가족은 우리 인생에서 가장 중요하고 기본적인 사회 단위입니다. 오랜 시간 함께 생활을 하고, 가깝기 때문에 갈등은 언제나 발생할 수 있습니다. 이러한 문제를 해결하기 위해서는 가족 구성원들 간의 상호작용과 관계를 이해하는 것이 중요합니다.

가족 치료의 창시자 미누친Salvador Minuchin의 가족체계이론은 가족의 구성과 기능을 설명하는 이론입니다. 이 이론에서는 부모의 정서적인 어려움으로 인해서 자녀의 욕구를 충족시켜주지 못하는 가정을 '역기능 가족'이라고 지칭하고, 부부 간의 갈등으로 인해 자녀가 부모의 역할을 대신 맡게 되는 것을 '역할'이라고 부릅니다.

부부 간의 거리감이나 불화, 그리고 부모가 적절한 돌봄을 제공하지 못할 때 자녀는 가족 내에서 다양한 역할을 맡게 됩니다. 적절하지 않은 역할 분담은 자녀의 심리에 부정적인 영향을 줍니다. 자신의 실제 모습과는 다른 역할을 맡게 되면 진정한 자기 모습을 잃어버리거나, 역할과 자신을 동일시해 버리는 경우도 있습니다.

자신이 원가족에서 어떠한 역할을 했는지 알아차리면, 원하지 않는 역할을 그만두고 자신의 삶을 살아갈 수 있습니다. 이를 위해서는 먼저 자신이 어떠한 역할을 했는지 살펴봐야 합니다. 다음은 역기능 가족에서 볼 수 있는 5가지 역할입니다.

1. 돌보는 자

맏이 중에 이런 역할을 하고 있는 분들이 있습니다. 모든 문제를 내가 해결해야 한다고 생각합니다. 결혼 후에도 현재 가족에 충실하지 못하고 친정 부모에게 과도한 책임감을 가지고 있습니다. 부모에게 최선을 다하면 부모가 달라질 것이라고 생각하고, 자신이 힘들어도 참으려고만 합니다. 상대를 보살펴야 한다는 마음이 강해 자신보다 부족하거나 힘들어하는 사람을 돌보려고 할 수 있습니다. 즉, 자녀가 부모화가 되는 것입니다.

나를 살피거나 돌보는 데 에너지를 사용하지 못하고, 타인을 기쁘게 하거나 관심을 주어 인정받고자 합니다.

역기능적인 가족은 변하기 어렵기 때문에 돌보는 역할을 하는 사람은 점점 지쳐가게 됩니다. 자신의 마음을 솔직하게 표현하지 못하기 때문에 스트레스가 몸으로 표현될 때가 많습니다. 건강상의 문제가 없어도 쉽게 피곤하거나, 소화가 안 되는 등의 문제를 겪기도 합니다.

누군가를 돌보지 않고 쉬어도 괜찮은데 지나치게 애쓰는 분들이 있습니다. 이런 분들은 타인에게 쓰는 에너지를 자신에게로 돌리는 작업이 필요합니다. 무엇보다 자기 돌봄의 시간이 필요합니다.

2. 영웅

영웅 역할을 하는 사람들은 학업, 직업적인 성취를 이루는 것이 중요하기 때문에 번아웃 증후군으로 상담실을 찾는 경우가 있습니다. 영웅의 부모는 자녀가 성공적인 삶을 살기를 바라면서도, 그것이 자녀가 원하는 것과 다르거나 목표를 이루지 못할 때 실망감을 드러냅니다. 자녀가 원하는 목표를 이룰 때는 축하하며 지지하지만, 자녀가 실패를 할 때는 실망감과 걱정을 감추지 않고 표현합니다.

영웅은 부모가 원하는 것들을 이루고 완벽주의자가 되기 위해 노력합니다. 그러나 성취에 대한 압박감으로 인해서 내적 분노감을 갖고 있을 수 있습니다. '나는 반드시 이런 사람이 되어야 한다'는 부모가 정해 놓은 목표를 이루기 위해 엄청난 노력을 했기 때문에, 자신이 원하는 대로 살지 못한 분노감이 내재하여 있어 부모에게 양육을 받았던 것처럼 타인을 통제하려고 할 수 있습니다.

이런 유형은 결혼 전 착한 사람으로 보이지만, 결혼 후 배우자에게 갑작스럽게 화를 내기도 하게 됩니다. 다른 사람들에게는 친절하고 완벽해 보이는 사람이 사소한 일에도 격분하는 일이 빈번하여 영웅의 배우자는 영웅의 모습에 낙심하게 됩니다.

영웅은 배우자의 부족함을 탓하지만, 영웅의 내면에 있는 억압된 분노가 원가족이 만든 내적 좌절감에서 시작되었다는 것을 깨닫는 과정이 필요합니다.

이들은 성취가 중요하고, 사소한 실수나 실패를 받아들일 수 없어 완벽해지기 위해 노력합니다. 마음 편히 쉬지 못하는 이들에게는 긴장을 풀고, 몸과 마음을 이완하는 시간이 필요합니다. 부모나 타인이 원하는 대로 되지 않아도 괜찮고, 완벽하지 않는 자신을 받아들이고 이해하며 스스로 존중하는 자세를 가져야 합니다.

3. 마스코트

마스코트는 타인을 즐겁게 하려고 노력합니다. 농담도 잘하고 관계를 편안하게 만듭니다. 갈등 상황에 놓이는 것을 힘들어하기 때문에 긴장감에서 오는 불편함을 완화시키려고 합니다. 또한 타인의 관심을 원하고, 자신이 주목 받는 것을 좋아합니다. 감정을 진지하게 바라보지 못하고 밝은 아이처럼 즐거운 모습만 보이려는 경향이 있습니다.

감정에는 여러 가지 색깔이 있습니다. 기쁜 감정뿐만 아니라 슬픈 감정도 나의 감정입니다. 있는 그대로 감정을 바라볼 수 있다면 진정한 나를 바라볼 수 있습니다.

겉으로는 웃고 있지만 가면성 우울증처럼 내면에는 깊은 슬픔이 내재되어 있을 수 있습니다. 오랜 기간 긍정적인 감정만 표현하려고 노력했기 때문에 우울한 기분이 들면 회피하려고 하지만, 인생의 전환기에는 깊은 좌절감을 경험할 수도 있습니다.

4. 희생양

가족의 모든 부정적인 감정을 감당하는 역할입니다. 집에 무슨 일이 생기면 부모는 희생양에게 모든 화를 쏟아냅니다.

"너 때문에 이런 일이 일어났어."

"너 때문에 내가 어쩔 수 없이 결혼했어!"

"네 성격에 문제가 있어서 내가 이렇게 힘든 거야!"

역기능 가족은 가족의 진실이 드러나는 것을 두려워하기 때문에 섬세한 희생양을 불편해합니다. 그래서 희생양이 불편한 감정이나 사실을 솔직하게 말하는 것을 저지하려고 합니다.

부모로부터 지지 받지 못하는 아이는 대인관계에 있어서도 부모와 비슷한 이들을 만나서 괴롭힘당하는 패턴을 보이기도 합니다.

이들은 좌절감, 우울감, 낮은 자존감으로 힘겨워하는데, 역기능 가족에서 비난하거나 지적했던 부모의 말이 모두 진실이 아님을 구별하는 과정이 필요합니다. 상담 과정에서 부모의 말과 가치관이 현실에 맞는 것인지 확인하면서 진실을 찾고, 희생양이 들어왔던 부정적인 말로부터 벗어나 유연한 사고를 하는 연습이 필요합니다.

5. 잃어버린 아이

부모의 관심으로부터 잊힌 아이입니다. 가족과 친밀감을 느끼지 않고 아웃사이더로 살아가려고 합니다. 현실에서 즐거움을 찾기 힘들기 때문에 혼자 공상을 하거나 영상물에 빠져 있고 불편한 감정을 느끼지 않으려고 노력합니다.

타인과 친밀한 관계를 맺는 것을 힘들어해서 연대감을 맺기가 어렵습니다. 간혹 은둔형 외톨이처럼 집 밖으로 나가지 않고 타인과의 관계에 벽을 만들려고 합니다. 점점 고립될수록 안정감을 느낄 수 있지만, 결국 사람은 타인과의 연대감이 필요합니다.

이 역할들 가운데 자신이 맡았던 역할이 겹치기도 할 것입니다. 원가족에 대해서 깊이 있게 살펴보는 것이 변화의 시작입니다.

어린 시절을 떠올릴 때 공감받지 못한 경험으로 인해
우울과 공허함을 느낄 수 있습니다.
자신의 핵심 감정을 명확히 바라볼 수 있을 때
어린 시절의 영향으로부터 벗어날 수 있습니다.
원가족에서의 역할이 지금도 반복되고 있고

부정적인 영향을 미치고 있다면

객관적으로 바라보고 그 역할에서 벗어날 필요가 있습니다.

원가족의 영향력에서 벗어나지 못하면

현재의 가족에게도 충실할 수 없습니다.

역사를 배우는 이유는

과거의 잘못을 반복하지 않기 위함입니다.

우리는 영화를 볼 때 주인공이 보지 못하는

전체 이야기를 객관적으로 조망할 수 있습니다.

마찬가지로 가족의 전체 상황을 바라볼 수 있을 때

원하지 않았던 역할에서 벗어날 수 있을 것입니다.

『 **치유노트** 』

어린 시절 형성되어 일생 동안 대인관계, 배우자 선택 등 다방면에 영향을 주는 감정을 '핵심 감정'이라고 합니다. 자신의 핵심 감정이 무엇인지 적어보고, 그 감정이 생기게 된 사건이나 계기가 있었는지 떠올려보세요.

예) 수치심, 거절감, 우울 등

나 자신의 엄마가 되어 힘든 마음을 알아주세요

아이에게는 음식을 정성껏 만드느라
지친 엄마의 모습을 보는 것보다,
알맞게 요리하고 여유 있는
엄마의 모습을 보는 편이 더 낫습니다.

자신이 행복하다고 느끼고 정서가 안정된 아이들의 공통점은 무엇일까요? 아이는 부모의 감정에 많은 영향을 받습니다. 엄마가 일상에서 즐거움과 기쁨을 느끼면, 이것은 아이에게도 긍정적인 영향을 미칩니다. 일상에서 즐거움을 찾아내고, 긍정적인 감정을 나누는 일은 아이가 밝고 행복한 인생을 살 수 있도록 돕습니다.

반면, 엄마가 우울하면 아이와 함께하는 시간을 줄이고 싶고, 대화를 나누는 데에도 불편함을 느낄 수 있습니다. 아이는 엄마에게 정서를 공감받기 어렵기 때문에, 소외감과 불안감을 경험할 수 있습니다.

어떤 부모들은 결혼생활이 힘들게 느껴질 때마다 자녀에게 이런 푸념의 말을 하기도 합니다.

"너만 없었으면……."

"너 때문에 어쩔 수 없었어."

이러한 말을 자녀가 듣고 자라면, 자신이 태어나서 부모가 불행해졌다는 생각에 빠지기 쉽습니다. 동시에 부모가 행복해질 수 있도록 자신이 열심히 해야 한다는 과한 부담감을 느끼기도 합니다. 이러한 압박으로 인해 공부를 반드시 잘해야 하고, 열심히 살아야 한다는 생각에 사로잡히게 됩니다. 하지만 인생은 뜻대로만 흘러가지 않습니다. 실패를 경험하는 경우 크게 좌절하고 낙심하게 될 수 있습니다.

자녀에게 이런 정서적 부담을 주지 않으려면 어떻게 해야 할까요?

엄마가 선택한 삶을
인정하지 않고 무기력하게 바라보는 것이 아니라,
받아들이고 주체적으로 결정하며 나아가는 것입니다.

아이가 부모로 인해

감정의 부채를 안고 살아가지 않도록
누군가를 탓하는 습관을 멈춰야 합니다.

⁘

'결혼을 하면 갑자기 효자가 된다'는 말들을 하는데, 어린 시절 부모의 어려움을 가까이에서 봐 온 아들일수록 더 잘하려고 합니다. 그런데 자신이 효도하는 것이 아니라, 아내가 대신해서 해주길 원한다면 아내의 부담은 커질 것입니다.

원가족의 감정적인 짐이 고스란히 현재 가족에게 넘어오는 경우가 많습니다. 시댁과 갈등이 줄어들었다고는 하지만 여전히 고부갈등이 존재하며, 시댁에 대한 며느리의 의무로 인해 감정의 골이 깊어지기도 합니다. 물론 친정어머니와 감정적으로 엮여 있는 아내들도 있습니다.

아이가 나중에 내 감정의 무게로 인해 힘들어지지 않기 위해서는, 원가족에게 받은 묵은 감정의 짐을 정리하고 오롯이 나로 살아가야 합니다.

원가족과의 갈등으로 힘들었다면
결혼하면서 인생이 바뀔 수 있다는
막연한 기대를 했을 수도 있습니다.
우리의 내면은 단지 자신의 선택과 의지만으로
만들어진 것이 아닙니다.
사회적 관계구조와 가부장 문화에
영향을 받은 결과이기도 합니다.
현실이 버겁게 느껴진다면
나를 돌보는 것부터 시작하면 됩니다.

⁘

결혼 이후 자신만의 시간과 자유가 줄어들었다는 생각이 들 수 있습니다. 이러한 변화는 불안과 혼란을 초래하고, 피로가 쌓이면 '내가 왜 이런 결혼을 했을까?' 하는 신세 한탄이 나올 수도 있습니다.

이러한 감정을 해소하기 위해서는 내가 하루를 어떻게 보내고 있는지 살펴볼 필요가 있습니다. 피곤함을 호소하는 사례를 보면,

집안이 어질어진 것을 견디지 못해 아이들을 쫓아다니면서 치우는 분들이 있습니다. 아이들이 어린 경우 어질러지기 쉽기 때문에 청소에 소비되는 시간과 노력은 가중됩니다. 가족의 건강을 위해 청결은 중요하지만, 내 몸이 피곤할 정도로 청소를 하다 보면 순식간에 무서운 엄마의 모습이 나올 수도 있습니다.

좋은 방법은 청소하는 시간을 정해 놓는 것입니다. 정해진 오후 또는 저녁 시간에 청소를 하거나, 가끔은 어질러져 있는 것을 눈감아보는 것도 좋습니다. 이렇게 하면 자신의 체력을 유지하면서도 집을 청결하게 유지할 수 있습니다.

아이를 청소에 참여하도록 유도하는 것도 방법이 될 수 있습니다. 즐겁게 청소를 하면서 정리정돈 능력도 키울 수 있기 때문입니다. 아이들의 연령과 체력을 고려해서 적절하게 청소를 제안하면 됩니다.

때로는 아이 이유식이나 식사를 정성스럽게 준비하면서 지치는 경우도 있습니다. 잘 준비하고 싶은 마음은 이해하지만, 음식에 소질이 없거나 손이 느린 경우 매끼 몸이 지칠 정도로 만들 이유는 없습니다. 가끔 손쉬운 이유식을 준비하거나 외식, 배달을 이용하는 등의 대안을 찾을 수 있습니다.

내가 할 수 있는 정도로만 노력하고

아이와 같이 시간을 보내는

엄마가 더 여유 있습니다.

아이에게는 음식을 정성껏 만드느라

지친 엄마의 모습을 보는 것보다,

알맞게 요리하고 여유 있는

엄마의 모습을 보는 편이 더 낫습니다.

⁘

육아로 인해 자신의 시간을 잠시도 갖지 못한다면, 남편이나 주변 사람들에게 도움을 요청하세요. 저녁에는 남편과 아이를 함께 돌보고, 남편이 아이를 돌보는 게 서툴다고 하더라도 주말에는 혼자 동네를 한 바퀴 돌거나 카페에서 여유롭게 시간을 보내면서 재충전을 할 필요가 있습니다. 일상에서 찾아내는 작은 즐거움은 엄마의 삶뿐만 아니라, 아이와 함께하는 시간에도 긍정적인 영향을 줍니다.

나를 희생하는 사람으로 만들지 않고
주체적으로 성장하기 위해서는
양육을 함께할 사람들이 필요합니다.
만약 그런 사람들이 옆에 없다면
나 자신의 엄마가 되어 힘든 마음을 어루만져 주세요.

엄마라는 타이틀은 한 번 가지면
평생 가지고 가야 합니다.
엄마가 되면 책임감과 무게감이 밀려옵니다.
모성을 고귀하고 끝없는 사랑이라고 말하지만
자신과 친정어머니와의 관계가
아름답기만 했는지 생각해보세요.

엄마 또한 한 명의 사람이고
혼자 있는 시간이 간절할 수도 있습니다.
잠시 나만의 시간을 가지는 일에 대해
죄책감을 가질 필요는 없습니다.

이 시간 동안 글을 쓰거나 책을 읽거나

아무런 목적 없이 산책을 할 수도 있습니다.

오히려 스트레스를 해소하며

여러 감정을 남편과 함께 나누고,

자신의 마음을 회복하는 시간을 갖는 것이

결국 더 건강하고 행복해지는 길입니다.

〖 치유노트 〗

우리가 다른 사람에게는 친절하지만 나에게는 엄격할 때가 있어요. 그래서 나를 다독이는 말을 하는 것이 어색하고 쑥스러울 수 있어요. 내가 소설 속 주인공의 따뜻한 엄마라면 어떤 말을 할까요? 그 말들을 적어보세요. 그리고 자신에게 말해주세요.

Chapter 13

엄마라는 역할에 자긍심 갖기

엄마라는 역할은 한 자리에 멈춰 서 있는 것 같고
이력서에도 한 줄 쓸 수 없는 이력이지만,
'나는 아이에게 세상에서 가장 중요하고
필요한 사람'이라는 믿음이 필요합니다.

아이를 처음 키우는 일은, 신입사원 시절 낯선 업무가 걱정되고 두려웠던 것처럼 쉽지 않은 일입니다. 상상했던 것보다 훨씬 많은 일들이 일어나고, 노력한 만큼 명확하게 결과가 눈에 보이지 않아 힘들 수 있습니다.

초보 엄마들은 아이가 아프거나 힘들어하는 것 같으면 자책을 합니다. 엄마가 돼서 왜 이것밖에 못하는지 모르겠다고 자신을 비난하기도 합니다. 아이가 건강한 애착 관계를 맺어야 하는데 잘하고 있는 건지 걱정이 밀려옵니다.

특히 육아로 경력이 단절된 경우, 회사에서 부르는 직함이 사라진 뒤에 정체성이 무너지는 기분이었다고 말하는 분들이 있습니다. 아이를 양육하는 일에 몰두하면서 나 자신이 사라진 느낌을 받거나, 현재의 삶이 무의미하다는 생각을 하게 되기도 합니다.

매일 같은 일상이 반복되고, 하루 종일 아이의 언어로 말을 하고 나면, 나와 비슷한 처지의 엄마들과 실컷 수다를 떨고 싶다는 마음이 간절해지기도 합니다.

이때 중요한 것은
내가 '소중한 사람'이라는 인식입니다.
엄마라는 역할은 한 자리에 멈춰 서 있는 것 같고
이력서에도 한 줄 쓸 수 없는 이력이지만,
'나는 아이에게 세상에서 가장 중요하고
필요한 사람'이라는 믿음이 필요합니다.

지금까지 직장에서 성과로 실력을 증명해왔고, 다른 사람의 인정과 평가에 집중하고 있었다면, 그 피드백이 사라질 때 공허함을 느끼게 될 수 있습니다. 이것은 자연스러운 감정이지만, 육아를 하기로 결정했다면 현실에 지혜롭고 유연하게 대처할 필요가 있습니다.

인정이나 평가가 없는 상황은 처음일 수 있습니다. 그러나 여전히 자신의 가치와 존재가 유효하다는 것을 인지하고, 그 가치를 스스로 인정하는 것이 중요합니다.

얼마 전 함께 식사하는 자리에서 다양한 이력이 있는 동료가 아이를 키우는 기간 동안 복직할 수 있을지 걱정했었다고 말했습니다. 육아 휴직을 선택한 동료는 3년간 아이를 키우고 지인의 소개로 다시 현장으로 돌아올 수 있었습니다.

자본주의 사회에서 직업이나 사회적 지위가 없을 때 두려울 수 있지만, 아이와 함께 보내는 시간 또한 소중한 시간임을 잊지 마시길 바랍니다. 다시 일하는 미래의 모습을 그리며 주어진 시간에 집중할 필요가 있습니다.

미국의 임상심리학 박사 로젠버그Marshall B. Rosenberg는 자긍심을 '자신을 가치 있는 사람으로 생각하는 정도'라고 설명했습니다. 자신을 인정하고 존중하는 마음으로, 자신의 능력과 가치를 인식하고 받아들이는 것입니다. 이는 자신과 다른 사람 사이의 관계에서도 중요한 역할을 합니다.

자신을 존중하고 사랑하는 사람이

주변의 다른 사람들도
존중하고 사랑할 수 있습니다.
자긍심이 낮은 사람은 불안감이 높고
대인관계에서도 어려움을 느끼게 됩니다.
결국 나 자신에 대한
충분한 존중과 사랑이 필요합니다.

자긍심은 나 자신에 대한 평가의 척도로 작용합니다. 자긍심은 유년기 경험을 기반으로 형성되는 개인적인 평가로, 중요한 사람들로부터 받은 긍정적인 피드백을 통해 얻어지는 경우가 많습니다. 만약 자신에 대해 부정적인 생각을 가진다면, 어린 시절 부모로부터 받은 평가나 피드백을 살펴보는 것이 도움이 됩니다.

결혼을 후회하는 사람들은 공통적으로 '자신이 결혼에 대해 충분히 생각해보지 않았다'고 말합니다. 자신은 결혼할 생각이 없었는데 프로포즈를 받아 거절할 수 없었거나, 나이가 차서 어쩔 수 없이 했다고 말합니다. 그러나 결혼을 내가 선택한 길이라는 생각으로 전환하면, 현재의 삶을 긍정적으로 바라볼 수 있게 됩니다.

엄마라는 같은 카테고리에 속해 있어도
개인의 차이와 경험에 따라
저마다의 색은 모두 다릅니다.
손재주가 좋아서 만드는 일을 잘할 수 있고,
공감 능력이 뛰어나서 대인관계 능력이 좋은 사람도 있습니다.
지문이 다른 것처럼 각자가 가진 능력은 모두 다릅니다.

사랑하는 아이를 돌보기 위해
잠시 경력이 중단되는 길을 내가 선택한 것입니다.
'엄마'라는 정체성으로
내가 가지고 있는 능력을 인정하면 됩니다.

나의 선택을 존중하는 마음이 인생을 더욱 풍요롭게 만들고, 자녀를 존중할 수 있는 태도를 만듭니다. 엄마가 자신의 삶을 긍정하면 주어진 시간을 소중하게 사용할 수 있고, 뜻대로 되지 않는 상황에서도 다음에는 더 잘할 수 있다는 용기를 갖게 됩니다.

⁘

아이들은 상황과 장소를 고려하지 않고, 자신의 욕구를 충족하기 위해 이기적으로 행동할 때가 많습니다. 원하는 장난감을 사달라고 떼를 쓰고, 마음대로 되지 않을 때는 큰소리로 울기도 합니다. 엄마는 자신도 모르게 아이에게 소리를 지르거나 야단을 치게 됩니다. 하지만 이내 자신이 아이를 잘못 가르친 것 같아 좌절하기도 합니다.

영유아기, 아동기 발달단계의 특징을 알아두는 것은 육아의 자긍심과 기쁨을 느끼는 데 많은 도움이 됩니다. 수준보다 높은 과제를 제시하거나, 발달단계보다 과한 기대를 하면 아이는 좌절하게 됩니다. 이때 엄마가 자신의 삶에 만족하지 못하면 자신을 부정적으로 비판하는 데 그치지 않고, 아이의 행동도 긍정적으로 바라보지 못할 수 있습니다.

부모의 말과 의도를 아이가 이해하지 못하는 경우도 있습니다. 아이가 실수를 했을 때는 잘못한 점을 알려주고 개선할 수 있는 방법을 아이에게 물어 스스로 생각할 수 있는 힘을 길러주거나, 부모가 적절한 방법을 제안해주는 것이 도움됩니다.

"처음이라 그럴 수 있어. 다음에는 이렇게 해보자."

"힘들 때도 있지만, 넌 할 수 있을 거야."

아이가 자긍심을 가질 수 있도록 실수해도 괜찮고, 다음에는 잘 할 수 있다고 지지해 주어야 합니다. 자녀가 부모로부터 지속적으로 지적을 받다 보면, 아이는 자존감이 낮아질 수밖에 없습니다. 아이가 걷기에 성공하기까지 수없이 넘어졌듯이 실패와 좌절은 성장하기 위해 반드시 필요한 과정입니다.

엄마도 아이와 함께 자랍니다.
엄마가 자신의 감정을 알아차릴 때
아이의 감정을 읽을 수 있습니다.
무엇보다 엄마 스스로 존중하는 것이 필요합니다.
나의 삶에서 절대로 포기할 수 없는 것과
포기할 수 있는 것이 무엇인지 알아차려야 합니다.

자긍심을 키우기 위해서는 자기효능감이 필요합니다. 자기효능감은 우리가 어떤 행동을 할 때 그것을 성공적으로 수행할 수 있다고 믿는 것입니다.

오늘부터 자신과 작은 약속들을 정해 하나씩 지켜나가 보면 어떨까요? 작은 성취가 엄마로서 자긍심을 갖는 데 도움이 될 것입니다. 나를 존중하는 연습을 시작해보세요.

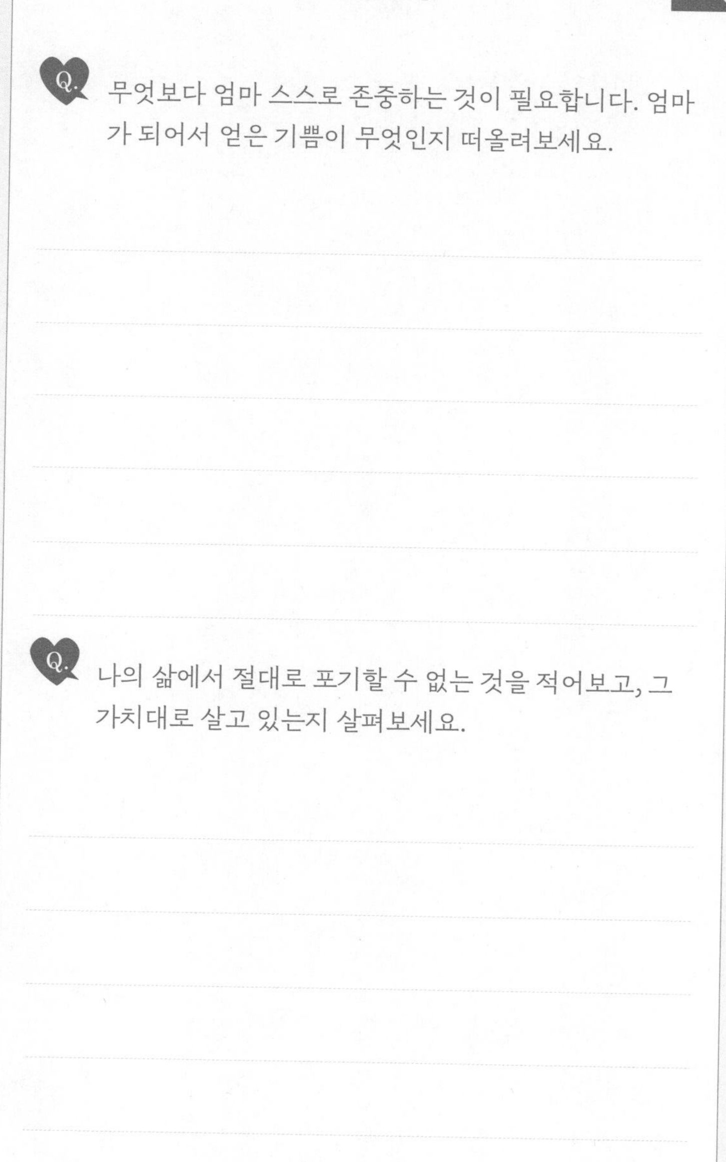

〖 **치유노트** 〗

Q. 무엇보다 엄마 스스로 존중하는 것이 필요합니다. 엄마가 되어서 얻은 기쁨이 무엇인지 떠올려보세요.

Q. 나의 삶에서 절대로 포기할 수 없는 것을 적어보고, 그 가치대로 살고 있는지 살펴보세요.

Chapter 14

나를 찾기 위해서는 위기가 필요합니다

'내가 누구인지 모르겠다'고 느껴질 때는
나에 대한 정의를
자신은 어떻게 내렸는지 살펴보세요.

자신의 직업과 취미에서 자신감을 얻고 정체성을 찾았던 분들은 전업주부가 된 이후, 좌절감을 크게 겪기도 합니다. 특히 자녀를 양육하는 일에 즐거움을 느끼지 못하거나, 자신의 역할이 만족스럽지 않은 경우 좌절감과 고통은 더욱 크게 다가옵니다.

상담실에 온 현주 씨는 몸과 마음이 지쳐 있었습니다. 현주 씨는 자녀를 양육하는 것에 대해 자신감을 잃은 상태였고, 자신의 삶이 무의미하다는 생각이 든다고 했습니다.

능력 있는 사람이 되고 싶은 욕구와 함께 자신은 무능력하다는 생각 때문에 자존감이 낮아져 있는 상태였습니다. 삶이 불만족스러울수록 다른 사람과 비교하면서 자신을 더욱 비하하게 됩니다.

"저는 돈 많고 유명한 사람들이 부러워요."

처음부터 지나치게 높은 목표를 세우면 불만만 늘어나게 됩니다. 유명 인플루언서나 잘나가는 사업가들과 자신의 모습을 비교하면 새로운 일을 시도조차 하기 힘듭니다. 시작하자마자 높은 수입이나 좋은 결과물이 나올 수 없고, 기대보다 초라한 결과로 미래에 대한 희망을 가질 수도 없습니다.

⁘

정체성이란, 점차 자신이 어떤 사람인지 깨닫고 인식하는 과정을 말합니다. 사춘기 이후, 원가족으로부터 분리되어 또래와 함께 보내는 시간이 많아지면서 직업, 생활방식 등 다양한 경험을 통해 자신이 누구인지에 대한 주관적인 느낌을 형성하게 됩니다. 이 과정에서 자신의 가치관, 신념, 성격 등을 발견하고 받아들이며, 자신만의 정체성을 형성하게 됩니다.

일부 사람들은 과거의 일이 미래에도 비슷하게 반복될 것이라고 믿습니다. 예를 들어 어린 시절 왕따를 당한 경우, 이후에도 사람들과 어울리지 못하거나 집단에서 배제되는 상황이 반복될 것이라고 걱정합니다.

직업과 나이와 같은 객관적인 정보는 알고 있어도
자신의 감정과 생각을 인식하지 못한다면
자신의 본래 모습을 파악하는 것이 어려울 수 있습니다.
타인을 통해 자신의 정체성을 구축하고
직업과 평가를 토대로 자신을 이해해왔는데,
타인의 피드백이 없어지면
스트레스를 받고 혼란에 빠질 수 있습니다.

무엇이 되고자 하는 목표를 가지고 있을 때,
그 목표에는 강한 열망과 함께
내가 어떤 사람이 되고자 한다는
정체성이 숨어 있습니다.
그래서 자신의 내면에 있는
정체성을 발견하고 이해하는 것이 중요합니다.

저의 닉네임인 마음달에는 '회복시키다, 마음을 새롭게 하다'라는 정체성이 있습니다. 이러한 정체성이 있기 때문에 상담을 하면서 힘든 일이 있어도 극복하고 지속할 수 있습니다.

글을 쓰기 시작할 때 처음부터 작가라는 정체성을 갖고 있지는 않았지만, 글을 쓰기 시작하면서 작가가 될 수 있었습니다.

자신의 정체성을 어떻게 정의하고 있나요?
엄마로서 자신의 정체성을
'아이의 삶에 영향력을 주는 사람'이라고 생각하는 것과
'어쩔 수 없이 전업주부를 하는 것'이라고 생각하는 것
어떤 사람이 삶의 만족도가 더 높을까요?

또한 아이의 행동과 성취에 따라서
엄마인 자신의 삶을 평가하지 않는 것도 중요합니다.
타인의 평가에 따라 삶이 달라진다면
내 정체성은 오롯이 타인에게만 달려 있게 됩니다.

'내가 누구인지 모르겠다'고 느껴질 때는
나에 대한 정의를 자신은 어떻게 내렸는지 살펴보세요.

⁘

에릭슨은 심리사회적 측면을 강조했는데, 청소년기에 자아정체성을 확립하는 '정체성 혼미 대 정체성 확립'을 주요한 심리사회적인 위기로 개념화하였습니다. 현대에는 청소년기에만 한정된 것이 아니라, 성인기에도 정체성 위기를 경험하게 됩니다.

삶에서 변화가 많은 시기에는 자신이 누구이고, 무엇이 중요한지, 또 어떤 삶을 살고 싶은지에 대해 고민하게 됩니다. 자신의 정체성을 찾지 못한 경우 혼란스러울 수 있고, 깊은 절망에 빠질 수도 있습니다.

'정체성 유예'는 자신만의 가치를 찾고 있지만, 아직 자신의 역할을 찾지 못하여 정체성을 선택하지 못하는 단계입니다. 이것은 성장 과정에서 겪는 일종의 과도기적인 상태입니다.

'정체성 유실'은 자신의 정체성을 고민하지 않고 타인의 가치를 그대로 따르는 것입니다. 처음에는 안정적으로 보이지만, 시간이 지나면 위기를 경험할 수 있습니다.

'정체성 혼미'는 삶을 탐색하거나 계획하지 않아서 어떻게 살아가야 할지에 대한 방향성을 모르는 것입니다. 이러한 경우 삶에서 어려운 상황에 직면했을 때 자신만의 기준이 없기 때문에 대처방법을 찾기 어렵습니다.

정체성을 확립하려면
반드시 위기를 경험해야 합니다.
위기를 경험하지 않고
자신의 정체성을 찾을 수는 없습니다.
결국 자신을 찾기 위해서는
위기를 극복하는 과정을 거쳐야 합니다.

영화나 드라마에서 결함이 많고 미성숙한 주인공이 자신의 정체성을 찾기 위해 고통을 경험하는 것처럼, 우리의 삶도 마찬가지입니다. 한 분야에서 성취하고 발전해온 사람이 새로운 역할이나 삶의 변화에 대처하려면 자신이 누구인지 재차 확인하는 과정을 거쳐야 되는 것입니다.

학생에서 직장인이 되면, 새로운 환경에서 자신의 역할과 위치를 찾아가면서 정체성 혼란을 경험할 수 있습니다. 마찬가지로 엄마가 되면서 새로운 역할을 맡은 사람은 이전과는 달리 성취하지 못하는 것이 많고, 자신이 할 수 있는 일이 한정되어 있다는 생각에 공허함을 느낄 수 있습니다.

육아로 인해 경력이 중단되는 시간이 겉으로 보기에는 무의미해 보일 수 있습니다. 때로는 자신의 성장이 멈춘 것처럼 보일 수도 있습니다.

하지만 이러한 시간은 아이를 키우는 데 소중한 거름이 됩니다. 타인으로부터 인정받을 수는 없지만, 엄마로서 자신을 격려하고 칭찬해주는 시간이 필요합니다. 이 시간은 타인이 주지 않는 나만의 정체성을 만들어줍니다.

타인의 인정과 시선에서 벗어나
나 자신을 소중하게 바라볼 수 있는 시선을 가져야 합니다.
내가 선택한 길이 불안하고
아이를 키우는 일은 힘들지만
이 시간의 힘을 믿고 나아갈 수 있길 바랍니다.

Chapter 15

내 인생의 주인공으로 살아가려면

마치 영화처럼 과거로 돌아간다고 해도
지금 이 삶을 다시 선택하겠다고 생각한다면
바꿀 수 있는 것은 바꾸고,
바꿀 수 없는 것은 받아들이는 자세가 필요합니다.

개그우먼 박미선 씨가 한 스탠딩 코미디에서 만약 자신이 미국에서 태어난 67년생 미셸 박이었다면 미국에서 짬뽕집을 운영하는 남자를 만났을 것 같다고 했습니다. 코미디이기는 하지만 자신의 인생을 수용하고 있다는 생각이 들었습니다.

'결혼생활에서 후회되는 순간도 있지만, 과거로 돌아가도 여전히 그때의 선택을 다시 했을 것 같다'는 그녀의 말에서 책임감을 느낄 수 있었습니다. 과거 개그우먼은 외모로 놀림을 당하거나 예쁘다는 칭찬을 받는 두 부류로, 주로 남자 배우를 서포팅하는 역할을 맡았습니다. 여성의 외모에 대해서 함부로 평가해도 비난받지 않았습니다.

80~90년대 개그우먼들 사이에서 박미선 씨는 다른 배우를 서포팅하는 것이 아니라 한 프로그램의 주인공으로 등장했습니다. 한때 나이가 들어 출연하던 방송이 폐지가 되어 설 자리를 잃고, 남편의 빚으로 힘들어하는 캐릭터로 자리 잡는 것처럼 보이기도 했습니다.

하지만 동료 개그우먼들이 브라운관에서 하나둘 사라질 때 그녀가 유튜브와 종편에서 꾸준히 종횡무진하는 모습을 보면서 '자신의 삶을 긍정하는 사람은, 일도 긍정적인 자세로 임한다'는 생각이 들었습니다.

⁘

결혼을 후회한다는 분들의 이야기를 들어보면 남편에 대한 불만을 가진 경우가 많습니다. 연애 시절에는 다정하고 배려심 넘치던 남편이 결혼 이후에는 일에만 몰두하고, 사랑과 관심을 충분히 주지 않는 것 같아서 실망스럽다고 말합니다. 생활력이 강한 줄 알았는데 무능력하고, 가정적일 줄 알았는데 가부장적이라고 합니다.

결혼생활에서 내가 받고 싶었던 것, 이루고 싶었던 것들이 사라져 버렸을 때 후회가 밀려오기도 합니다. 특히 어린 시절 부모로부터 받은 사랑의 결핍이 채워지지 않을 때 남편에 대한 원망이 커지기도 합니다.

상담을 하다 보면, 이전의 연애나 결혼에서 상처를 입고 헤어진 사람들이 다시 비슷한 유형의 사람들을 만나서 똑같은 관계 패턴을 반복하는 경우가 적지 않습니다. 이들은 다음 관계에서 성공하겠다고 다짐하면서도, 비슷한 유형의 사람을 만나 다시 상처를 입곤 합니다.

결혼을 잘못한 것 같아서 후회가 되나요? '정해진 짝이 있고, 그 사람을 만날 수 있다'는 생각은 현실에서는 존재하지 않는 낭만적인 사랑의 신화에 불과합니다. 도저히 함께 살아갈 수 없는 배우자라면 이별을 생각할 수도 있지만, 크고 작은 갈등으로 결혼생활이 힘든 것이라면 원인이 무엇인지 생각해볼 필요가 있습니다.

1. 아내가 불안정 애착인 경우입니다.

이 경우에는 "남편이 나를 힘들게 하고, 남편이 나를 사랑하지 않아서 괴롭다"고 이야기합니다. 이 말의 이면에는 '네가 없으면 힘들기 때문에 네가 필요하다'는 의미가 담겨 있습니다.

그동안 내가 부모로부터 제대로 된 사랑을 받지 못해서 고통받았기 때문에, 남편의 보살핌과 관심으로 보상받고자 하는 것입니다. 결국 나의 결함이나 부족함을 채우기 위해 언제나 함께하기를 원하는 것입니다.

2. 양육으로 인해 어려움을 겪는 경우입니다.

자녀를 양육하다 보면 혼자만의 시간이 부족해 블랙홀에 빠져 있는 듯한 느낌을 받기도 합니다. 어떻게 해야 할지 모르겠고 정답이 없어서 힘겨워하기도 합니다. 돌봄은 그만둘 수 없는 부모의 책임이자 부모가 해내야 할 중요한 일이기도 합니다.

독서와 인터넷 검색을 통해 자녀의 성장과 발달에 맞는 적절한 양육 방법을 습득하고, 육아에서 오는 스트레스를 해소할 수 있는 방법을 찾는 것이 중요합니다. 일부 시간을 할애하여 부모 자신의 자기계발을 위해 노력하는 것도 도움됩니다.

3. 시댁과의 관계에서 독립하지 못하고 종속된 느낌을 받는 경우입니다.

결혼이라는 제도에는 안정감을 준다는 장점도 있지만, 자유를 잃는다는 단점도 있습니다. 시댁의 미묘한 차별 때문에 힘들어하는 이들을 상담실에서 만나게 됩니다. 며느리로서 아이를 낳아야 한다는 압박을 받을거나, 아이를 잘 키워야 한다는 부담을 줄 때 어른들이 인식하는 며느리의 존재가 무엇인지 고민이 된다고 고백합니다.

시댁에서 결혼 후 아들 부부를 독립된 가족으로 인정하지 못하거나, 며느리를 독립된 객체로 인식하지 못하고 우리 집안에 들어온 구성원으로 인식해 시댁의 가치를 주입하려는 경우도 있습니다.

이외에도 주말마다 시댁 방문을 원하거나, 매일 안부 전화를 하길 바라는 등 시부모가 며느리라는 가족이 한 명 생겼으니 보다 더 친밀한 가족이 되어야 한다고 생각하는 경우도 있습니다.

남편이 원가족이 원하는 것을 무조건 따르지 않고 원가족과 현 가족 사이에 적절한 거리를 두는 경우 원만한 관계를 유지할 수 있지만, 그렇지 않은 경우에는 갈등이 생깁니다.

며느리로서 억울하고 힘든 감정이 밀려온다면 시댁에 지나치게 노력하는 것을 줄여나가는 일도 필요합니다. 또한 내가 할 수 있는 것과 없는 것을 구분하고, 남편의 도움이 필요한 부분은 도움을 요청하세요.

⁘

마치 영화처럼 과거로 돌아간다고 해도
지금 이 삶을 다시 선택하겠다고 생각한다면
바꿀 수 있는 것은 바꾸고,
바꿀 수 없는 것은 받아들이는 자세가 필요합니다.

내가 원하지 않은 삶을 견디는 것과
내가 선택한 삶을 사는 것은 다릅니다.
수동적으로 어쩔 수 없이
이렇게 살게 되었다고 여기면
인생의 의미를 상실하게 됩니다.

내가 선택해서 이 길을 가고 있다면
이 삶은 그저 고통이 아닐지도 모릅니다.
자신의 삶을 수용하는 길을 가는 것입니다.
모든 상황을 무조건 받아들이는 것이 아니라
하나씩 변화시켜가는 것입니다.

이전에 나의 길을 지나간 멘토를 찾는 것도 도움이 됩니다. 만약 주변에서 멘토를 찾을 수 없다면, 책이나 유튜브로도 찾아볼 수 있습니다.

힘들 때마다 삶을 비관하지 않고 능동적으로 변화를 시도하는 자세를 갖는다면, 우리는 피해자가 아닌 주인공으로 살아갈 수 있을 것입니다.

Chapter 16

일상에서 불평이 늘어날 때

결혼을 후회하는 날들이 있을 수 있습니다.
남편과 아이가 나에게 준 것에 대해 생각해보세요.
내가 가진 것이 무엇인지 기억하는 사람과
원망으로 가득 찬 사람의 삶은 다릅니다.

삶에서 내가 이룬 것들이 보이지 않을 때 막막한 기분을 느끼게 됩니다. 가진 것들이 아무것도 없다고 생각할 때 낙심하게 됩니다. 반면 내가 가진 것들을 볼 수 있다면 삶을 주체적으로 이끌어갈 수 있습니다. 책임지는 삶을 살아간다는 것은, 과거가 아닌 현재를 살아가는 것입니다.

상담실에서 만난 유미 씨는 결혼을 해서 하루빨리 안정적인 가정을 꾸리고 싶었다고 합니다. 그녀는 소개팅 앱을 적극적으로 활용하고, 주변 친구들에게 소개를 부탁하여 꾸준한 노력 끝에 원하던 사람을 만나게 되었습니다.

그녀는 결혼 후 신혼생활을 하면서 잠시 행복했지만, 시간이 지나면서 남편에게 점점 불만이 늘어갔습니다.

남편의 직장이 대기업이 아닌 것, 홀어머니를 둔 외아들인 것, 집안 형편이 넉넉하지 않은 것, 집을 장만할 때 시댁에서 도움을 주지 못한 것 등에 불만을 갖고, 더 좋은 조건의 사람을 만났다면 어땠을까 하는 상상을 하기도 했습니다. 출산 후에는 육아를 도와줄 사람이 없어 육아휴직을 했는데 다시 복직할 수 있을지에 대한 불안감도 컸습니다. 그녀는 점점 자신을 불행한 사람으로 만들어 가고 있었습니다.

유미 씨처럼 우리도 어떤 목표를 이루고 나면 처음에는 기뻐하지만, 시간이 지나면 다른 사람과 비교하며 불만을 느끼는 것은 아닌지 생각해볼 필요가 있습니다.

⁘

회복탄력성은 위기 또는 일시적인 슬럼프를 겪더라도 실패와 스트레스로부터 빠르게 회복하고 극복하는 능력을 말합니다. 사건이 생겼을 때 어떻게 문제를 대하느냐에 따라 결과가 달라집니다. 그래서 작은 일에도 감사할 줄 알고 회복탄력성이 높으면, 힘든 일을 겪는다고 해도 제자리로 돌아올 수 있습니다.

이루 말할 수 없는 고통을 겪어도
완전히 무너지지 않는 분들이 있습니다.
충분히 슬퍼하고 애도한 후에는
자신이 가지고 있는 것에
초점을 맞추기 때문입니다.

가족이 있음에,
직장을 다닐 수 있음에,
아이가 있음에 감사하다는
내담자들을 보면서 감사의 힘이 크다고 느껴집니다.
가끔은 절망할 수 있는 상황인데도 불구하고
주변에 고마움을 표현하고
불행이 이만하길 다행이라고 말씀하시는 분들이 있습니다.
일상 속 작은 것들을 소중하게 대하기 때문입니다.

긍정적인 면만 보고

힘들지 않다고 삶을 부인하는 것이 아니라,

어떠한 감정이나 사건도

'그럴 수 있다'고 있는 그대로 받아들이는 것입니다.

이와 반대로, 과거의 선택을 후회하며 불만을 터뜨리는 경우도 있습니다.

'내가 왜 결혼을 선택했을까?'

'이런 만남은 처음부터 잘못된 건데…….'

'다른 선택을 했으면 더 행복하지 않았을까?'

이미 알고 있는 결과를 앞세워 후회하는 것은 지금 이 순간에 집중하는 것을 방해합니다. 이렇게 과거에 매달려 지나간 것을 회상하는 대신, 현재 내가 가진 것들에 집중하여 더 나은 미래를 만들어 나가는 것이 중요합니다.

내가 갖고 있는 것들과 할 수 있는 일이 무엇인지 생각해보는 시간이 필요합니다. 지금 이 순간 감정적으로 흔들리고 힘겹다면, 오늘 하루 중에 감사하고 즐거운 일에 대해 작성해보세요. 이미 지나버린 과거의 후회와 미래에 대한 걱정은 아무런 도움이 되지 않습니다.

⁂

어려운 상황에서 감사한 것 찾기는
쉽지 않을 수 있습니다.
이렇게 힘든데 무엇을 감사해야 하는지
공감하기 어려울 수도 있습니다.
하지만 감사는 삶을 이끌어가는 힘이 됩니다.

결혼을 후회하는 날들이 있을 수 있습니다.
남편과 아이가 나에게 준 것에 대해 생각해보세요.
내가 가진 것이 무엇인지 기억하는 사람과
원망으로 가득 찬 사람의 삶은 다릅니다.

행복은 강도가 아니라 빈도입니다. 행복을 상대가 나에게 주어야 된다고 생각하면 마음에 허기만 쌓이게 됩니다.

결혼을 통해 무엇을 이루고 싶었는지 살펴보세요. 유미 씨가 결혼을 간절히 원했던 이유는 소속감 때문이었습니다. 부모의 이혼으로 인해 어린 시절 할머니 댁에서 자란 그녀는 눈치를 봐야 하는 상황에 자주 놓이게 되었습니다.

몇 년간 연락하던 어머니는 갑자기 연락이 끊어졌고, 아버지도 할머니에게 양육비를 보내지 않다 보니 구박덩어리로 자랐습니다. 그래서 가족을 이루는 것은 그녀에게 매우 소중한 일이었습니다.

처음에는 힘들었던 어린 시절을 이해해주는 남편이 너무나 고마웠습니다. 결혼 과정에서 시댁의 반대도 있었지만 남편 덕분에 이겨낼 수 있었습니다.

하지만 친구가 결혼하자마자 시댁의 도움으로 집을 사게 되면서, 시작점이 나와 다르다는 것에 초점을 맞추게 되었다고 했습니다.

그녀는 상담을 통해 결혼으로 '정서적 안정감을 갖게 되었고, 자신의 어린 시절과 다르게 부모로서 아이를 돌볼 수 있게 되었으며, 먹고 싶은 음식을 마음 편히 먹을 수 있게 된 것'도 어린 시절과 달라진 것임을 찾을 수 있었습니다. 간절히 바라던 것이 이루어졌음에도 끊임없이 불평불만을 쏟아내고 있었다는 것을 깨닫게 되었습니다.

유미 씨는 자신이 가진 것들을 찾아가면서 수많은 불평불만에서 벗어날 수 있었습니다. 친구들보다 나은 환경은 아니지만, 자신이 원했던 것을 이루었다는 사실을 깨달을 수 있었습니다. 내가 가진 것을 헤아리면 아주 작은 감사부터 시작할 수 있습니다.

〖 치유노트 〗

어린 시절과 비교해서 지금 이루게 된 것들은 무엇인가요? 지금 갖고 있는 것들에 대해서 누리는 시간을 가져보아요.

예) 갖고 있는 것: 따뜻한 집, 적금통장
　　이루어진 것: 엄마, 직장인

타인을 의식하고 비교하다 보면 자신이 너무나 작아 보인답니다. 감사의 힘은 나를 성장하게 합니다. 오늘 하루 감사한 일을 찾아보세요.

예) 이야기할 친구가 있음에 감사하다, 건강한 몸이 있음에 감사하다.

Part 2

내 아이를 위한 엄마표 자존감 수업

: 아이와 함께 성장하는 시간

부모로 태어나는 사람은 없어요, 불안한 건 당연해요

어느 누구도 부모로 태어나지 않기에
부모로 살아가는 것을 배워야 합니다.
그 시작은 나 자신을 돌보는 것입니다.

어느 누구도 태어날 때부터 부모인 사람은 없습니다. 그래서 부모가 되는 것을 두려워하거나, 생애 처음 하는 부모 노릇을 어떻게 해야 할지 걱정이 앞서기도 합니다. 걱정이 되는 것은 당연한 일이고, 부모로서 경험이 쌓이고 시간이 지나면 자연스럽게 익혀나갈 수 있습니다.

대부분의 부모는 아이가 행복하고 건강하게 성장할 수 있도록 최선을 다합니다. 그러나 지나친 부담과 책임감은 삶에서 기쁨을 누릴 수 없게 합니다.

에너지가 저하되어 있는 상태에서 억지로 노력하다 보면 더욱 지칠 수 있습니다.

엄마가 행복한 삶은
자신이 할 수 있는 한도 내에서
아이를 위해 애쓰는 것입니다.

아이에게 중요한 것은
'비싼 장난감과 좋은 옷'이 아닙니다.
엄마의 '안정감'을 느끼는 것입니다.
아이가 엄마의 사랑을 느끼게 해주세요.

놀이치료를 하면서 애착이나 정서 문제임에도 유사 자폐 즉 발달 장애로 오해받는 아이들을 만나는 경우가 있습니다. 가정 내에서 부모의 갈등, 학대와 같은 후천적인 요인으로 인해 안정감을 갖지 못해 발달이 늦어진 것입니다.

이처럼 부모의 양육 태도는 자녀의 심리적, 육체적 발달에 많은 영향을 미치게 됩니다. 부모가 언제라도 돌아갈 수 있는 안전기지가 될 때 자녀는 정서적 안정을 느낄 수 있습니다.

엄마 자신은 조금도 돌보지 않고
모든 마음과 정성을 아이에게만 쏟으면,
아이에게 엄마는 따뜻하지만 동시에
갑자기 무섭게 돌변하는 사람처럼 느껴질 수 있습니다.

불안한 마음이 불쑥 올라올 때
고통 속에서 혼자 헤매고 있는 기분일 때
양손을 크로스해서 자신의 어깨를 감싸
버터플라이 허그를 해보세요.

어느 누구도 부모로 태어나지 않기에
부모로 살아가는 것을 배워야 합니다.
그 시작은 나 자신을 돌보는 것입니다.

육아의 무게를 줄이는 가장 쉬운 방법

아이와 엉켜 있는 삶은
부모에게도 아이에게도 좋지 않습니다.
아이는 아이의 삶을 살아갈 수 있게 해야 합니다.
엄마는 아이의 성장을 돕는 사람이지만
아이의 모든 것이 될 수 없습니다.
엄마가 행복할 때 육아가 가벼워집니다.

"친구들과 사이좋게 지내라니까 왜 자꾸 싸워?"

친구들과 놀 때 다툼이 생기지 않도록 대처하는 방법을 설명해 주고, 좋은 말로 여러 번 타일러도 문제가 반복될 때는 아이를 나무라게 됩니다.

"너를 위해 내 시간도 없이 살아왔는데, 너무 억울하고 속상해!"

아이의 학원 수업 스케줄에 맞추기 위해 노력했음에도 불구하고, 성적이 오르지 않으면 실망해서 소리를 지르기도 합니다.

아이를 돌보는 일은 항상 즐거울 수 없고
엄마로서 완벽할 수도 없습니다.

돌보는 기쁨이 있지만 지치고 힘들 수 있습니다.
엄마의 마음 안에는 여러 가지 감정이 존재합니다.
아이를 사랑하면서도, 지쳐서 미워하는
두 감정이 혼재해 있을 수 있습니다.

상담을 배우면서 '양가감정兩價感情'이 있다는 것을 알고, 마음에 대한 이해의 폭이 커졌습니다. 양가감정이란 어떤 대상, 사람, 생각 등에 대하여 기쁨과 슬픔, 사랑과 미움 등과 같이 상반된 감정이 공존하는 것입니다.

이는 우리의 마음이 양면성을 지니고 있다는 것을 나타내며, 하나의 대상에 대해 긍정적인 감정과 부정적인 감정이 함께 존재할 수 있음을 보여줍니다.

애증은 사랑하는 사람에게만 가질 수 있는 감정입니다. 엄마는 혼자 있고 싶을 수 있고, 자신만의 시간을 갖고 싶을 수도 있습니다.

때로는 아이가 매우 사랑스럽고, 때로는 귀찮고 밉기도 합니다. 이러한 감정들은 부모에게 불편함과 고통을 느끼게 할 수 있지만, 나에게 여러 가지 모습들이 있음을 수용하는 것이 필요합니다. 아이를 사랑하는 일은, 나에게 있는 여러 감정들을 그대로 받아들일 때 가능합니다.

⁂

엄마로서 자신이 어떤 양육 태도를 갖고 있는지 점검해보는 것도 도움이 됩니다. 긍정적 양육 태도는 '따스함, 구조 제공, 자율성 지지'이고, 부정적 양육 태도는 '거부, 비일관성, 강요'입니다. '따스함'과 '거부'는 서로 반대되는 양육 태도입니다.

따스함 ↔ 거부
구조 제공 ↔ 비일관성
자율성 지지 ↔ 강요

'따스함'은 사랑으로 자녀를 배려하고, 무조건적으로 지지하고 관심을 갖습니다. 이와 반대되는 '거부'는 자녀의 생각을 반대하거나 비난하는 것입니다. 부모가 생각하는 기준에 부합하지 않다는 이유로 '조용하고 섬세한 것은 남자답지 못한 거야'라고 조롱하는 식입니다.

'구조 제공'은 일관된 기준으로 자녀를 칭찬하고 훈육합니다. 부모가 자녀에게 문제 상황의 해결책이나 방법을 제시하고 지도하는 체계가 일정합니다. 이와 반대되는 '비일관성'은 부모가 기분이 좋을 때와 나쁠 때 자녀에게 반응하고 평가하는 태도가 급격히 달라지는 것입니다.

'자율성 지지'는 자녀가 자기 주도적으로 선택하게 합니다. 자녀의 생각을 존중하고, 깊이 있게 탐색할 수 있도록 지지하고 소통합니다. 반대로 '강요'는 자녀에게 선택권을 주지 않고 부모가 정해놓은 규칙을 따르도록 강요합니다. 부모가 자녀의 어린 시절부터 생각을 통제하고, 배우자 선택, 결혼, 자녀 양육까지 간섭하기도 합니다. 결과적으로 자녀는 자신의 가치와 선택을 믿지 못하게 됩니다.

현재 아이에게 어떠한 태도로 양육을 하고 있는지 살펴보기를 바랍니다.

부모로서 자녀의 성장과 발전을 바라는 것은 당연한 일입니다. 하지만 현실적으로 자녀가 그 바람대로 성장할 수는 없습니다.

양육을 하다보면, 말을 잘 듣지 않는 자녀를 참을성과 인내심을 가지고 대해야 할 때가 있습니다. 시간을 내서 아이의 부정적인 감정을 받아주고, 에너지를 들여서 아이를 가르쳐야 합니다.

상담사로서도 마찬가지입니다. 처음 상담을 할 때는 허니문 이펙트honeymoon effect로 내담자는 상담자를 이상화시키고 좋아하다가, 상담이 오래 진행되면 갈등도 생기고 서운한 마음도 생기게 됩니다.

우리는 자녀가 예상과는 다른 방향으로 성장하거나 행동하면 실망하거나 불안해합니다. 때때로 이러한 문제는 부모에게 큰 걱정을 안겨주기도 합니다.

어쩌면 내가 원하는 아이의 모습을 만들어 놓고, 다른 모습을 보일 때 실망하는 것은 아닌지 생각해보세요. 내가 애쓰면 아이가 달라질 수 있을 거라 생각하고, 내가 원하는 모습을 아이에게 강요하고 있는 것은 아닐까요? 또는 아이의 모든 문제를 부모 자신 탓이라고 생각하는 것은 아닐까요?

엄마라는 의무와 부담에서 벗어나
나의 삶을 살아가는 것도 중요합니다.
아이의 성장은 엄마에게만 달려 있지 않습니다.

'줄탁동시啐啄同時'에서

'줄'은 달걀이 부화할 때 병아리가 안에서 껍질을 쪼아대는 소리고,

'탁'은 어미 닭이 밖에서 껍질을 깨뜨리는 소리라고 합니다.

이 2가지가 동시에 이루어져야 껍질이 깨지는 것입니다.

결국 내부에 있는 자녀의 의지와

외부에 있는 부모의 도움이 합쳐져

생명이 탄생할 수 있는 것입니다.

자녀에게 이미 역량이 내재되어 있음을 믿어야

엄마는 불안하지 않을 수 있습니다.

아이와 엉켜 있는 삶은

부모에게도 아이에게도 좋지 않습니다.

아이는 아이의 삶을 살아갈 수 있게 해야 합니다.

엄마는 아이의 성장을 돕는 사람이지만

아이의 모든 것이 될 수 없습니다.

엄마가 행복할 때 육아가 가벼워집니다.

〖 **치유노트** 〗

나만의 케렌시아를 찾아보세요. 잠시 쉬어가는 페이지를 만들면 됩니다.

예) 장소: 책상, 커피숍, 공원, 차 안
시간: 아이가 어린이집에 간 직후, 회사를 마치고 집에 들어가기 10분 전
행동: 10분 명상, 읽고 싶은 책 읽기, 커피 한잔, 좋아하는 음악 듣기

장소:

시간:

행동:

형제를 차별 없이 키우려면

완벽한 엄마가 아닌
적절한 엄마여도 충분합니다.
내가 완벽하지 않아도 된다고 생각할 때
아이에게도 여유 있는 엄마가 될 수 있습니다.

미주 씨는 아침에 일어날 때마다 고통스럽습니다. 둘째 아이가 어린이집에 가는 것을 힘들어하기 때문입니다. 또래 아이들보다 키도 작고 마른 체형인데, 먹지 않는 반찬이 많아 밥을 먹이는 것도 어렵습니다. 그녀는 둘째 아이를 양육하는 것이 왜 이렇게 힘들기만 한지 한숨이 나옵니다.

첫째 아이는 유순해서 엄마가 하라는 대로 말도 잘 듣고 편한데, 둘째는 짜증을 잘 내서 대하는 것도 힘들고 아이의 마음도 이해가 되지 않습니다. 그녀는 지쳐서 둘째 아이를 째려보기도 하고 차갑게 대하기도 합니다.

미주 씨는 어린 시절 어려운 형편 탓에 주말조차 어머니와 함께 시간을 보낼 수 없었습니다. 일을 그만두고 도박을 반복하는 아버지 때문에 돈 문제로 부모님이 싸우는 모습을 자주 봤고, 딸이라는 이유로 오빠와 차별을 받기도 했습니다.

오빠는 다니고 싶어 하는 학원에 보내주었지만, 미주 씨가 원하던 미술 공부는 반대하셨습니다. 그녀는 다양한 분야에 관심이 있었고 배우고 싶은 것도 많았지만, 집안 형편 때문에 대학도 포기해야 했습니다.

고등학교를 졸업한 후 직장생활을 시작하며 만난 사수였던 남편은 미주 씨의 이야기를 자상하게 잘 들어주었습니다. 그녀는 부모님께 받지 못한 사랑과 관심을 받는 것 같아 행복했습니다. 임신하게 되면서 육아휴직을 냈는데, 양육에 집중하기 위해 결국 복직을 포기했습니다.

아이가 외롭지 않게 해주고, 자신처럼 하고 싶은 공부를 포기하지 않도록 역량을 키워주고 싶었습니다. 자신이 받지 못한 엄마의 사랑을 아이들에게 주고 싶었기 때문에 엄마로서 온전히 시간을 보내야겠다고 결심했습니다.

첫째 아이는 그녀의 바람대로 잘 따라주었습니다. 그러나 둘째가 태어나면서 엄마로서의 좌절감이 커졌습니다. 그녀는 어려서 부모의 눈치를 보느라 짜증을 내거나 떼를 쓴 적도 없었는데, 둘째 아이는 꾸물거리면서 작은 일에도 까다롭게 굴었습니다. 아이들과 소통이 잘되는 엄마가 되고 싶었지만, 아무리 노력해도 제자리걸음이었습니다.

고민 끝에 임상심리전문가가 실시하는 종합심리검사를 받기로 했습니다. 검사 결과, 둘째 아이는 어휘력이 풍부하고 인지적으로 뛰어났지만, 부모의 사랑이 언니에게 편중되어 있다고 느껴 정서적으로 위축되어 있는 상태였습니다. 처음에 미주 씨는 검사결과를 받아들이기 힘들었지만 마음을 알게 되자 눈물이 났습니다.

둘째 아이는 부모의 사랑을 받고 싶었지만,
좌절되어 힘겨워하고 있었습니다.
내면의 분노로 인해 엄마의 지시사항을
일부러 따르지 않았던 것이었습니다.

지금껏 아이의 기질 문제라고 생각했는데
아이는 가족에게서 소외당하는
느낌을 받고 있었던 것입니다.

아이의 소외감은 그녀가 어린 시절 느꼈던
깊은 외로움과 공허감이었습니다.

아프지 않은 손가락이 없다고 하지만, 가정 내에서 자주 일어나는 것이 편애입니다. 내가 가지고 있는 선입견 때문에, 내가 원하는 기질의 자녀에게는 허용적이고 애정적인 태도를 취하고, 반대로 내가 원하지 않는 기질의 아이에게는 비난하거나 거리를 두는 일이 빈번합니다.

부모가 자녀를 '자율적, 애정적 태도'로 대하는 것이 아니라 '통제적, 거부적 태도'를 취하게 되면 자녀의 자존감이 낮아지고, 환경에 적응하는 것도 힘들어하게 됩니다.

형제는 협력해서 함께 놀이를 하는 친구이기도 하지만, 부모의 사랑을 나누는 경쟁자이기도 합니다. 부모에게 관심받지 못한 경우 사랑받으려고 애쓰거나, 이와는 반대로 반항적인 태도를 취하기도 합니다. 이 닦기, 옷 입기, 숙제하기 등 자신이 해야 할 일을 제대로 하지 않거나 늦게 하기도 하고, 부모의 말을 일부러 듣지 않기도 합니다.

⁘

형제를 차별 없이 키우려면 어떻게 해야 할까요? 먼저, 아이의 기질이 다르다는 것을 받아들이는 자세가 필요합니다. 내가 원하는 기질이 아닐지라도 아이 모습 그대로 받아들이는 것입니다.

상담실에 온 많은 부모들이 자녀들을 차별하고 있다는 것을 알고 있지만, 생각처럼 쉽게 바뀌지 않는다고 합니다.

애정이 덜 가는 아이는
부모 자신이 싫어하는 점을 닮아 있는 경우가 많습니다.
예를 들면 부주의하고 산만한 엄마가
자신처럼 자주 실수하는 아이를 보면
마음이 불편하다고 합니다.

아이들이 충분히 사랑받지 못하면, 제로섬 게임처럼 부모에게 서로 사랑받기 위해 다투고 관계도 나빠지게 됩니다.

아이들이 충분하게 사랑을 받는다고 느끼게 하는 방법 중 하나는, 부모가 형제들과 따로따로 특별한 시간을 보내는 것입니다. 아이 한 명과 부모가 취미나 관심사를 찾아 함께 활동하거나, 특별한 시간을 가져볼 수도 있습니다. 서로에 대해 더 깊이 이해할 수 있게 되고, 각 아이가 소중하다는 느낌을 받게 하여 자신감을 키워줄 수 있습니다.

미주 씨에게 둘째 아이와 둘만의 시간을 제안했습니다.

"평소에 둘째는 속내를 잘 드러내지 않아요. 퉁명스러운 둘째와 무슨 말을 해야 할지 모르겠어요."

말을 잘 듣는 첫째 아이와 잘 지내는 것은 어렵지 않았지만, 둘째 아이와 친밀한 관계를 맺는 건 쉽지 않아 용기가 필요했습니다.

그래도 새로운 시도를 해보기로 했습니다. 첫째가 학원을 간 시간에 둘째와 맛있는 것을 먹고, 근처 도서관도 다녀왔습니다. 그녀는 처음에 어색했지만, 둘째를 자세히 들여다보니 웃는 모습이 예쁘고, 섬세한 성향이 자신과 비슷하다는 것을 알게 되었다고 했습니다.

한 달 동안 데이트 시간을 정해서 시간을 함께 보내자, 둘째가 조심스럽게 말을 꺼냈습니다.

"엄마는 언니만 좋아하는 줄 알았어. 그래서 많이 슬펐어."

미주 씨는 둘째의 말에 가슴이 아려왔습니다. 그녀가 첫째와 둘째에게 주는 마음이 다르다는 것을 둘째 아이도 느끼고 있었던 것입니다. 그녀는 언니만 좋아한다는 둘째에게 말했습니다.

"언니도 너도 모두 소중한 사람이야."

"엄마, 정말이야? 응? 나도 소중해?"

둘째는 자신을 좋아하는 것이 맞는지 여러 번 확인했습니다.

다음 날부터 둘째는 달라졌습니다. 아침에 일어나서 짜증 내는 일도 줄어들었고, 미루기만 했던 학습지도 정해진 시간 안에 마쳤습니다.

지능이 높은 둘째는 성취 욕구가 높았고, 여러 분야에 관심도 많았습니다. 학습에 관심이 높은 아이가 주어진 과제를 하는 것이 어렵지 않았음에도 불구하고, 그동안 과제를 미루어왔던 것입니다.

⁂

미주 씨는 오랜 시간 둘째가 정해진 시간 내에 할 일을 마치지 못하는 것 때문에 화가 났었는데, 둘째가 마음의 상처를 그렇게 표현해왔다는 사실을 받아들이게 되었습니다.

그녀는 좋은 엄마가 되고 싶은 마음에 둘째에게 규칙을 강요하고 통제적인 태도로 양육을 해왔으나, 둘째는 이를 따르지 않아 엄마로부터 부정적 피드백을 들으면서 '사랑받지 못하는 아이'라는 정체성을 갖게 되었던 것입니다.

그녀가 아이를 잘 키우는 엄마가 되고 싶었던 이유는, 자신과 타인에게 인정받고자 하는 마음이 한구석에 있었기 때문입니다. 아이를 위해서라고 하지만 좋은 엄마라는 정체성을 갖고 싶었던 것입니다. 자신이 좋은 엄마라는 느낌을 받고 싶은데, 원하는 대로 따라 주지 않자 좌절하고 둘째를 원망하게 되었습니다.

그녀는 아이에게 문제가 있다고 라벨링하게 된 것이 아이의 잘못이 아니라, 자신이 가진 정서적인 어려움 때문이라는 것을 알게 되었습니다.

둘째 아이는 스스로 자신이 괜찮은 아이가 아니라서 사랑받지 못하는 것이라 느끼고, 더욱 부모의 말을 듣지 않았습니다. 그러나 부모로부터 사랑받고 있다는 말을 듣고 자아개념이 변하게 되었고, 그 결과 행동도 바뀌게 된 것입니다. 자아개념은 자기 자신에게 느끼는 감정이며, 이는 오랜 기간 경험을 통해서 생깁니다.

내가 생각하는 좋은 엄마가 어떤 모습인지
자신에게 물어볼 필요가 있습니다.

내가 원하는 '엄마의 모습'이 되지 않아도
내가 원하는 '아이의 모습'이 아니더라도
괜찮다고 받아들일 수 있어야 합니다.

완벽한 엄마가 아닌
적절한 엄마여도 충분합니다.
내가 완벽하지 않아도 된다고 생각할 때
아이에게도 여유 있는 엄마가 될 수 있습니다.

아이는 엄마의 자존감을 먹고 자랍니다

부모가 자신에게 만족스럽지 못할수록
자녀에게 거는 기대가 커집니다.
아이가 자신을 가치 있게 바라보는 자존감은
아이를 바라보는 부모의 시선을
긍정적으로 변화시킬 때 높일 수 있습니다.

자존감은 자신을 존중하는 마음입니다. 자신에 대한 긍정적인 인식을 갖고, 있는 그대로 사랑하고 받아들이는 능력입니다.

자존감이 높으면, 대인관계에서도 자신감을 가지고 타인과 원활하게 소통할 수 있고, 삶의 문제나 고난에 대처할 때도 강한 내면의 힘을 발휘할 수 있습니다.

자존감이 낮으면, 자신의 생각에 대한 확신이 부족하여 남들이 어떻게 생각하고 있는지에 대해 지나치게 신경을 쓰고, 불안감이 커져 삶의 만족도가 떨어지게 됩니다.

자존감이 낮아서 상담실에 오시는 분들이 있습니다.

"제가 자존감이 낮은데, 아이가 영향을 받을까봐 걱정되요."

"아이의 자존감을 높여주는 방법이 있을까요?"

여기저기서 '자신을 사랑하라고 하는데, 어떻게 해야 할지 모르겠다'며 유튜브를 보고 노력해봐도 며칠 못 가서 자신이 싫어진다고 합니다.

엄마의 자존감이 낮은 편이라면 엄마의 사고, 생각, 감정을 자녀도 동일하게 습득할 가능성이 있습니다. 그래서 엄마의 자존감이 낮다면 그 이유를 살펴보는 것이 중요합니다. 자존감이 낮은 분들의 특징을 먼저 알아보겠습니다.

1. 현실적인 나의 모습과 이상적인 자아상의 차이가 큰 경우입니다.

자존감이 지나치게 낮은 경우 "나 자신이 너무 싫고, 다시 태어나고 싶어요"라고 자기 비하를 하는 분들도 있습니다. 이렇게 느낄 경우 모든 것을 다 바꾸어야 되기 때문에 앞으로 인생이 가망 없는 것처럼 느껴집니다.

나의 어떤 점이 싫고, 어떤 점을 변화시키고 싶은지 구체적으로 작성해 보는 시간이 필요합니다. 남들은 다 잘난 것 같은데 나만 못난 것 같은 생각이 든다면, 기대하는 자아상이 너무 이상적일 수도 있습니다. 도달할 수 없는 기대로 자신을 비난하고 있다면, 앞으로도 현실의 모습을 수용하기 힘들 것입니다.

2. 과거에 대한 후회로 '사후 가정 사고'를 하면서 자신을 비난하는 경우입니다.

'내가 만약 이런 대학을 갔다면', '그때 이런 선택을 했더라면' 하면서 과거에 머물러 있습니다. 학창 시절 공부하지 않고 놀다가 좋은 대학에 못 간 것을 두고두고 후회하거나, 그때 그 사람과 결혼했어야 하는데 지금 이 사람을 만나서 힘든 것이라고 말합니다.

과거 일어난 일에 집착하며, 현재 상황을 바꿀 수 있는 방법이 없는 것처럼 행동합니다. 아무런 노력도 하지 않으면서 모든 문제를 과거 탓으로 돌립니다. 그래서 현재를 후회로 가득한 삶으로 만듭니다.

3. 사고의 경직성으로 부정적 사고를 하는 경우입니다.

완벽주의자의 관점에서 자신을 비난하는 분들입니다. 본인이 가지고 있는 것을 별것도 아닌 것으로 치부해 버리고, 가지지 못한 부분이나 자신의 부족한 면에 초점을 맞춥니다. 완벽한 사람은 없기에 아무리 노력을 해도 완벽에 다다를 수가 없습니다. 목표를 세우고 열심히 노력해 성취하고 나면, 그 다음의 것이 보이고 이미 이룬 것은 보이지 않아서 만족감을 느낄 수 없습니다.

자신에게 너그럽지 않기 때문에 자녀에게도 너그럽지 못하고 자신의 기준을 강요하게 될 수 있습니다. 이러한 강요와 기대를 할 때, 자녀들은 강요받는 기준을 충족시키지 못할 수도 있다는 불안감을 느끼게 됩니다.

무엇보다 엄마에게 필요한 것은 '자기 수용'입니다. 현재 자신의 모습을 있는 그대로 받아들이는 것입니다. 현재 모습을 받아들이고 직면하는 것이 힘들어서 회피하고 싶은 마음이 들 수도 있습니다. 내가 바라는 모습과 현실의 격차를 인정하면 상실감을 느낄 수도 있습니다.

그러나 누구나 완벽할 수 없고 내가 잘 하는 부분이 있듯이 부족한 부분도 있다는 것을 인정하면, 나의 연약함과 부족함까지 받아들일 수 있게 됩니다.

⁂

엄마가 자신의 감정을 온전히 수용할 능력이 있으면, 아이의 감정도 살필 수 있습니다. 이번에는 아이의 자존감을 키워주는 방법에 대해 알아보겠습니다.

1. 부모가 자녀에게 충분한 관심을 갖는 것입니다.

물질적으로 채워주는 것은 어렵지 않지만, 아이와 정서적으로 소통하는 것이 어렵다고 말하는 부모들이 있습니다. 엄마가 우울할 때는 아이에게 적극적인 반응을 하기가 힘듭니다. 엄마에게 에너지가 없으면, 아이에게 관심을 가지고 애정 어린 시선으로 바라보는 것이 어렵기 때문입니다.

엄마가 우울하고 에너지가 없어서 아이의 삶에 필요한 제한을 하지 않거나, 우울이 오래되어 아이를 자주 비난하면 반항심이 커집니다. 일탈을 반복하면서 사회의 규칙을 받아들이지 못하고 자기 마음대로 행동하려고 합니다. 학교에서 문제를 일으킨 품행장애 아이들이 이런 경우가 많은데 선생님, 권위자와 자주 다툼을 일으키기도 합니다.

엄마가 정서적으로 건강하고 소진되지 않을 때 아이에게 충분한 관심을 가질 수 있습니다. 자존감은 아이 스스로 갖고 태어나는 것이 아니라, 부모의 반응과 민감성에 따라서 달라질 수 있습니다. 아이는 자신이 소중한 사람이라고 느낄 때 자존감이 올라갑니다.

상담심리전문가나 임상심리전문가에게 도움받고 싶지만 경제적으로 부담이 된다면, 임신 12주 이상부터 출산 3년 이내의 산모는 지역사회서비스로 바우처 지원이 되는 센터의 치료사분들에게 산모심리상담지원 서비스를 받을 수 있습니다. 상담은 월 4회이고 본인 부담금 2~4만 원 정도로 경제적 부담을 덜 수 있습니다.

2. 아이를 부정적으로 평가하고 판단하는 일을 줄이는 것입니다.

우리는 아이를 평가하는 말들을 자주 합니다. 이때 "이렇게 해야지", "그렇게 하면 안 돼", "더 노력했어야지" 등의 기준이 옳은지 확인해 보는 것입니다. 엄마가 자신을 높은 잣대로 평가하면, 자녀에게도 동일한 잣대를 사용할 가능성이 높습니다.

어린 시절 우리가 부모로부터 받은 평가나 판단은, 지금까지도 아픈 기억으로 남아 있을 수 있습니다. 긍정적인 경험인 칭찬이나 격려보다, 부정적인 경험들이 기억에 더 오래 남기도 합니다. 부모의 목표와 기대가 적절할 때, 아이는 성취감을 느끼고 조금씩 성장할 수 있습니다.

친정 부모님에게 어떤 말을 들었는지 생각해보세요. 자신이 아이에게 친정 부모님이 했던 말을 똑같이 하고 있지는 않은지 살펴보는 것입니다.

또 아이가 지킬 수 있는 한도 내에서 목표를 세우고 실행할 수 있게 해주세요. 하루에 3장 이상 책을 읽지 못하는 아이에게 산만하다고 야단치면 좌절감을 줄 뿐입니다. 아이가 할 수 있는 한계를 인정하고, 조금 더 노력했을 때 칭찬해주면 됩니다. 이때 무조건적인 칭찬보다는 구체적으로 이유를 알려주는 것이 중요합니다.

하루 3장씩 읽는 것을 기본으로 하고, 4장을 읽었다면 "평소보다 1장 더 읽었구나. 어제보다 집중력이 더 좋아졌네" 하면서 격려해주면 됩니다.

3. 부모로서 아이에게 정서적 짐을 지우지 않는 것입니다.

부모는 때때로 자신의 삶과 자녀의 삶을 분리하지 못하고, 자신이 해결하지 못한 과제를 자녀에게 전가시키기도 합니다. "너 때문에 지금 이렇게 일하고 있는 거야", "힘들어도 참고 견디면서 살고 있어"라는 말을 들으면서 성장하면, 아이는 부모가 나 때문에 희생했다는 부담을 갖게 됩니다.

성인이 된 이후에도 취업에 어려움을 겪거나, 부모가 원하는 대로 인생이 풀리지 않을 때면 부모에게 빚을 진듯한 기분을 느끼게 됩니다. 나아가 '나는 왜 태어나서 부모님을 힘들게 하는 걸까?', '나는 무엇을 위해 사는 걸까?' 하면서 삶의 이유와 의미를 찾지 못해 방황하거나 깊은 우울감에 빠지기도 합니다.

자녀의 자존감을 높이기 위해서는 내가 부모에게서 어떻게 양육을 받았는지 생각해보고, 나의 자존감을 먼저 점검해봐야 합니다.

부모는 자녀에 대한 책임감으로
칭찬할 것보다 고쳐주고 싶은 것이
먼저 눈에 들어올 수 있습니다.

나도 모르게 비난이나 비판을 하고 있다면
아이의 마음을 살펴보길 바랍니다.
어린 시절 내가 부모에게
환영받지 못했던 경험과 상처를
대물림하고 있지는 않은지요.

부모가 자신에게 만족스럽지 못할수록
자녀에게 거는 기대가 커집니다.

아이가 자신을 가치 있게 바라보는 자존감은
아이를 바라보는 부모의 시선을
긍정적으로 변화시킬 때 높일 수 있습니다.
그 시작은 부모가 자신을
인정하고 받아들이는 것입니다.

넘어져도 다시 일어서는 법을 알려주려면

성장 마인드셋을 가진 부모는
결과만 두고 실패와 성공을 판단하지 않고
배우고 도전하면서 변할 수 있다고 믿습니다.

“넘어지는 걸 두려워하면 안 돼. 넘어지면서 배우는 거야.”

육아 예능 프로그램에서 아이가 두발자전거를 타도록 도와주는 그녀가 멋있어 보였습니다. 두발자전거를 처음 타는 아이가 뜻대로 되지 않아 짜증을 부리자 그녀는 “그래, 짜증이 나지”라고 하며 그 감정을 받아주기도 했습니다.

아이를 몸도 마음도 건강하게 키우고 싶지만, 원하는 대로 되지 않을 때 좌절감을 느낄 수 있습니다. 이때 실패와 좌절을 크게 받아들이면, 미래에도 달라지는 것이 없을 거라는 생각에 불안하고 의기소침해질 수 있습니다.

스탠퍼드 대학교 심리학과 교수 캐롤 드웩Carol S. Dweck은 《마인드셋》에서 마인드셋은 자신의 능력이나 지능에 대한 신념이라고 설명합니다. '고정 마인드셋'은 어린 시절에 자신의 능력이 이미 결정되며 쉽게 변화하지 않는다고 생각하는 것이고, '성장 마인드셋'은 노력이나 학습을 통해서 변화가 가능하다고 보는 것입니다.

고정 마인드셋을 가진 사람들은
실패가 두렵기 때문에
최선을 다해 노력하거나
연습하는 것을 힘들어 합니다.

실패한 이유를 자신의 책임으로 돌리지 않고 다른 사람의 탓으로 돌리기도 합니다. 새로운 시도를 두려워하며, 타인에게 부정적으로 평가받는 것을 회피하기 위해 익숙한 과제만 시도하려고 합니다.

성장 마인드셋을 가진 사람들은
실패하더라도 그 과정에서 자신의 능력을

키워나갈 수 있다고 생각하기 때문에
도전하는 것을 어려워하지 않습니다.

어려움을 극복하면서 성장한다고 여깁니다. 자신의 능력을 믿고, 새로운 기술이나 지식을 배우기 위해 적극적으로 노력합니다.

⁘

실수하거나 좌절할 때 어떻게 행동하나요? 실패를 대하는 부모의 태도는 아이에게 영향을 줍니다. 아이는 부모의 행동과 말을 긍정적이든 부정적이든 거울처럼 보고 배웁니다.

평소 아이가 내 기대보다 부족하다고 생각하면, 부정적인 반응과 피드백을 하기 쉽습니다. 성취에 대해서 압력을 가하는 과업 지향적인 부모는 아이의 성적이 부모의 기대에 부응하지 못했을 때 크게 실망하기도 합니다.

성장 마인드셋을 가진 부모는
결과만 두고 실패와 성공을 판단하지 않고

배우고 도전하면서 변할 수 있다고 믿습니다.

자녀가 어떠한 행동을 시도할 때

원하는 결과를 얻지 못한다고 하더라도

실망하거나 낙담하지 않고

새로운 도전을 지지하고 인정하는 것입니다.

처음 자전거를 타는 아이에게 너는 왜 이렇게 배우는 것이 느리냐고 타박하거나 야단친다면, 아이는 흥미를 느끼지 못하고 다시는 자전거를 타지 않으려고 할 것입니다.

자전거 타기에 실패하는 아이에게 "계속 실패하는 것이 화가 날 수 있지만, 포기하지 않고 타다 보면 진짜 형아가 될 수 있어!"라고 토닥여줄 수 있습니다. 반드시 성공해야 한다고 강요하거나 압박하지 않고, 도전하는 것만으로도 잘하고 있다고 격려하는 것입니다.

⁘

어린 시절 실수했을 때 부모님이 내게 어떤 반응을 보였는지에 생각해보세요. 성적이 많이 떨어졌을 때, 기대했던 시험이나 대회에서 상을 받지 못했을 때 부모님의 실망한 표정을 본 적이 있는지 떠올려보세요.

부모님이 원하는 점수나 등수가 있었나요?

부모님이 원하는 대학이 있었나요?

원하던 대학에 가지 못했을 때, 취업에 어려움을 겪었을 때 부모님이 과민하게 반응하거나 낙담하는 모습이었는지 또는 어떠한 결과에도 불구하고 당신을 신뢰하고 있으니 괜찮다고 반응했는지 생각해보세요.

부모와의 관계를 모델링해서
친정 부모님이 했던 말을
내가 아이에게 똑같이 말하거나
행동하고 있는지 살펴볼 필요가 있습니다.

외국어 공부, 처음 배우는 운동, 새로운 업무 등
어떠한 일을 한 번에 성공하기는 어렵습니다.
성장하기 위해 도전하고 시도하는 사람은
크고 작은 실패를 경험하게 됩니다.

⁘

성공과 실패에 일희일비할수록 새로운 시도를 하는 것이 힘듭니다. '나보다 잘하는 사람들이 얼마나 많은데 시도하는 것은 의미없어'라고 하면서 도전조차 하지 않아 기회를 놓치거나, 시도해도 보나마나 안 될 것이라면서 자신을 탓하기도 합니다. 자신이 하고 싶은 일을 어렵게 시도했다고 하더라도 뜻대로 되지 않을 것 같으면, 쉽게 그만두기도 합니다. 실패하는 것이 두렵기 때문입니다. 삶에서 내가 추구하는 바가 있다면, 장기적인 목표를 세워 꾸준히 시도하고 노력해보세요.

엄마들 중 원하는 대학이나 직장에 들어가지 못해, 현재의 학벌이나 다니고 있는 회사를 부끄러워하거나 받아들이지 못하고 실패한 인생이라고 자책하는 이들이 있습니다. 또는 현재 이 정도 명함은 가지고 있어야 하는데, 이 정도 재산은 있어야 하는데 원하는 바를 이루지 못했다고 좌절하고 자신을 실패자로 낙인찍는 분들도 있습니다.

실패한다고 할지라도, 그 결과로 인생이 끝나는 것이 아닙니다. 단 한 번의 결과로 인생의 결과가 달라진다고 생각하면, 자녀가 삶에서 실패하는 것을 지켜보는 것이 괴로워집니다. 실수하는 과정이 있을 수밖에 없음을 받아들일 때 실패에 낙심하지 않고 새로운 문을 열도록 도와줄 수 있습니다.

자신의 실수에 대해서 너그럽지 않은 부모는 자신이 원하는 대로 자녀가 과제를 성취했을 때는 기뻐하지만, 원하는 결과를 맺지 못할 때 실망하는 눈빛으로 대합니다. 그러면 아이는 자신의 가치를 제대로 파악하지 못하고, 성취 여부에 따라서 자신을 평가하게 됩니다.

성장 마인드 셋을 가진 부모는
아이에게 규정된 목표를 제시하지 않습니다.
아이의 성취나 성적에 대한
고정적인 목표를 두고 강요하지 않습니다.
노력하다가 성공하지 못해도 아이를 몰아세우지 않습니다.

실수해도 괜찮다,
실패해도 다시 하면 된다,
한 걸음씩만 걸어가도 된다고 말해줍니다.

"넘어지는 걸 두려워하면 안 돼. 넘어지면서 배우는 거야"라고 자전거를 처음 배우는 아이에게 말한 방송인 김나영 씨 역시 실패를 두려워하지 않았기 때문에 예능과 패션 분야를 넘나들면서 인플루언서, 유튜버까지 다양한 도전을 계속할 수 있었을 것입니다.

아이가 원하는 대로 되지 않아도 여유를 가지고 지켜봐 주세요. 실수하고 실패하는 시간들이 아이를 더욱 크게 성장시켜줄 것입니다. 부모가 성장 마인드셋을 가질 때 아이가 자신의 인생을 더 자유롭게 살아갈 수 있습니다.

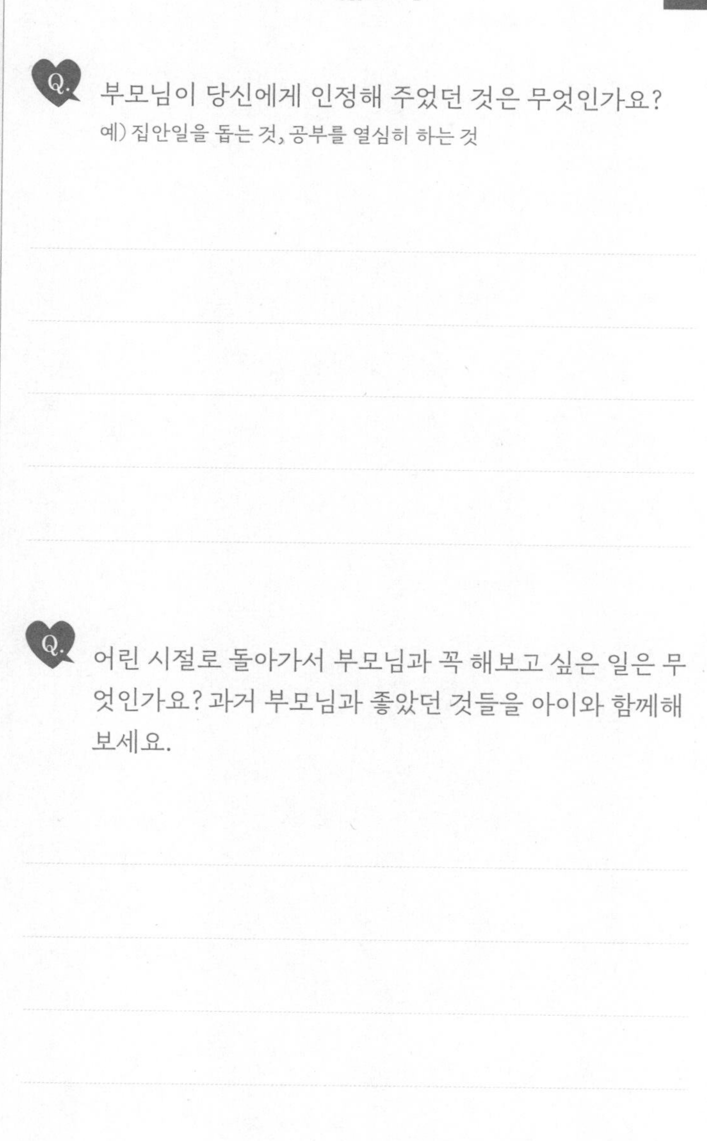

〖 **치유노트** 〗

Q. 부모님이 당신에게 인정해 주었던 것은 무엇인가요?

예) 집안일을 돕는 것, 공부를 열심히 하는 것

Q. 어린 시절로 돌아가서 부모님과 꼭 해보고 싶은 일은 무엇인가요? 과거 부모님과 좋았던 것들을 아이와 함께해 보세요.

아이에게 선택권을 넘겨주세요

부모와 자녀는 서로 다른 삶을 살아야 되기 때문에
어느 순간에는 분리되어야 합니다.
부모의 역할이 점점 줄어들 때
등 뒤에서 묵묵히 지켜보는 것,
결국 자녀를 잘 독립시키는 것이
부모의 역할입니다.

연아 씨는 아이가 어린이집에서 친구들과 잘 지낼지, 밥은 잘 먹는지, 선생님께 버릇없게 굴지는 않을지 불안이 밀려올 때가 많습니다. 아이의 성격이 활발한 편이라 놀이터에서 놀다가 다칠까봐 잔소리를 많이 하고 간혹 신경질을 내는데, 자신 때문에 아이가 위축되지 않을까 걱정이 되기도 합니다. 아이에게 아토피가 있고, 그녀도 청결에 대한 강박이 있어 피곤해도 매일 아침저녁으로 청소를 합니다. 그녀는 아이에게 좋은 엄마가 되기 위해 가장 좋은 선택을 하고 싶지만 마음대로 되지 않습니다.

친정어머니도 연아 씨처럼 걱정이 많았습니다. 위험하다는 이유로 자전거를 배우지 못하게 하셨고, 학교에서 가는 수학여행도 보내지 않으셨습니다. 연아 씨의 오빠가 어린 시절 교통사고를 당한 후, 그녀를 보호하려는 마음이 컸기 때문입니다. 연아 씨는 그런 친정어머니를 점점 닮아가고 있었습니다.

연아 씨처럼 양육을 하는 데에 있어서 부모의 영향력이 매우 클 때가 있습니다. 엄마와 딸의 관계 회복을 그린 그림책을 소개하고자 합니다. 북유럽 작가 키티 크라우더Kitty Crowther의 책《메두사 엄마》입니다.

메두사 엄마는 긴 머리카락으로 아이를 보호합니다. 딸은 세상으로 나가고 싶어 하지만, 그 어떤 아픔이나 상처도 받지 않도록 머리카락으로 감쌉니다. '안전'을 이유로 세상과의 단절을 만듭니다.

책 마지막에 딸을 보호하던 긴 머리카락을 자르고 나타난 메두사 엄마의 모습이 인상적입니다. 메두사 엄마가 칭칭 감고 있던 노란색 머리카락을 자른 것은 아이를 보호하려는 불안에서 벗어난 것처럼 보입니다.

메두사 엄마의 머리카락처럼 엄마의 생각과 말들이 아이를 꽁꽁 묶어버리기도 합니다. 관계에 대해서 생각해보면 친정어머니와 나의 관계, 그리고 나와 아이의 관계는 연결되어 있다는 것을 알 수 있습니다. 애착 패턴이 대물림되는 것처럼 말입니다.

⁘

세상에 나와 처음 만난 엄마라는 존재는 큰 의미를 지닙니다. 오리가 태어나 처음 만난 사람을 엄마라고 생각하고 따르는 로렌츠Konrad Lorenz의 각인 효과처럼 말입니다.

심리학은 과거를 살펴보는 것으로 끝나지 않습니다. 맞지 않는 과거의 생각들과 행동 패턴을 현재에 맞게 변화시키는 것에 중점을 둡니다. 우리가 돌이킬 수 없는 과거를 공부하는 이유는 교훈을 얻어 현재와 미래를 살아가기 위해서입니다.

연아 씨가 자녀에 대해서 느끼는 불안이 친정어머니로부터 시작되었다면, 성장하면서 어떤 말들을 들었는지 생각해봐야 합니다. 그리고 그 방식이 현재 상황과 맞지 않다면, 메두사 엄마가 머리카락을 자른 것처럼 과감하게 오래된 생각에서 벗어나야 합니다.

오랜 시간 자녀에게만 집중해 온 엄마들은 자녀가 성장해 대학에 진학하거나 취업, 결혼 등의 이유로 곁을 떠나려고 할 때 빈 둥지 증후군을 겪을 가능성이 높습니다. 자녀가 떠나감으로써 엄마의 역할이 사라지는 것처럼 느껴지기 때문입니다. 하지만 언젠가 자녀가 독립하고 성장해 나가는 과정을 지켜보면서 마음으로만 응원해 주어야 될 때가 옵니다.

영원할 것 같은 엄마의 역할이
변하는 시기는 옵니다.
결국 자녀를 떠나보내야 할 때가 옵니다.
아이와 연결되어 있는 심리적인 탯줄을 자르고
독립성을 키워주는 일은
아이를 성장시키는 큰 힘이 됩니다.

엄마와 딸의 관계는 복잡하고 미묘합니다. 엄마는 자녀의 안전과 행복에 대한 막중한 책임감을 가지고 있습니다. 그래서 자녀의 성장과 발전을 위해 어떤 선택이 가장 나을지, 그리고 어느 정도 자율성을 주어야 하는지 고민이 될 수 있습니다.

불안감이 높은 엄마의 경우 자녀에 대한 걱정뿐만 아니라, 자녀를 통해 자기 가치감을 확인하려는 경향이 있습니다. 이러한 상황에서 자녀가 실패하는 것을 견디지 못할 수 있습니다. 그래서 자녀에게 도움이 되는 선택을 한다고 주장하면서도, 부모가 원하는 방식으로 통제하려고 합니다.

하지만 부모는 자녀의 생각과 감정을 적극적으로 수용하고, 자녀가 원하는 것이 부모가 원하는 것과 다르다고 하더라도 부정적으로 대하지 않고 관심을 가져주어야 합니다. 그렇지 않으면 자녀는 성장해서도 부모에게 의존해 자신의 정체성을 찾지 못하고, 온전한 삶을 살아가지 못할 수 있습니다.

⁘

로체스터 대학교 심리학과 교수 에드워드 데시Edward Deci와 리차드 라이언Richard Ryan은 개인의 성장과 발전을 위한 최선의 방법을 추구하고, 긍정적인 변화를 위해 성장하려는 것을 '자기실현 경향성'이라고 했습니다. 이를 위해서는 '자율성, 유능성, 관계성'이라는 3가지 기본적인 욕구가 충족되어야 합니다.

자율성은 외부의 환경에 강요받지 않고 개인의 선택과 의지에 따라 결정을 내리고 계획을 세우는 것입니다.

유능성은 어떠한 행동을 통해 유능감을 느끼며, 사회적 상호작용을 통해서 긍정적인 피드백을 받는 것입니다.

관계성은 다른 사람과의 관계에서 안정감을 느끼고자 하는 것입니다.

'자기실현 경향성'을 촉진하는 아이의 자율성을 높이는 방법은 어렵지 않습니다. 아주 작은 것부터 아이에게 선택권을 넘겨주는 것입니다.

오늘 입을 옷을 꺼내 입는 것, 책과 장난감을 고르는 것 등 자신이 선택하는 것들이 늘어나고 긍정적인 결과를 가져올 때 자신의 선택과 취향을 믿을 수 있게 됩니다.

부모 입장에서는 많은 경험과 지혜를 전해주고, 문제를 대신 처리해주는 방식으로 아이를 보호하고 싶을 수 있습니다. 하지만 아이는 실패하고 좌절하면서 성장하고 배울 수 있습니다. 부모는 이러한 과정에서 아이를 지켜봐주고, 필요한 도움을 제공하면서도 아이 스스로 문제를 해결할 수 있도록 돕는 역할을 해야 합니다.

실패를 하면서 크고 작은 상처를 극복하는 것은 아이의 몫이고,
그 모습을 지켜봐주는 것은 부모의 몫입니다.

부모와 자녀는 서로 다른 삶을 살아야 되기 때문에
어느 순간에는 분리되어야 합니다.
자녀에게 해줄 수 있는 일이 점점 줄어들 때

등 뒤에서 묵묵히 지켜보는 것,

결국 자녀를 잘 독립시키는 것이

부모의 역할입니다.

아이가 창피하게 돈 이야기를 계속해요

자신이 소중하게 생각하는 가치관을 바탕으로
일관된 방향성을 가지고 노력하면,
남과 비교하거나 외부의 평가에
좌지우지되지 않고 살아갈 수 있습니다.

"아이답지 못하게 왜 그러는지 모르겠어요. 창피하게 돈 이야기를 계속해요. 어떤 차가 비싼 차인지, 아파트 평수에 따라서 가격이 얼마나 차이가 나는지에 대해 물어보기도 하고요."

직장을 다니거나 사업을 하는 가장 큰 이유가 경제적인 이유 때문인데도 불구하고 직접적으로 돈에 대해 이야기하는 것을 불편해하는 경우가 많습니다.

근처 신도시가 생기면서 놀이치료를 하는 동안 아이들이 집에 대해 이야기하는 것을 자주 보게 되었습니다. 1기신도시인지, 2기 신도시인지에 따라 아파트 가격이 달라지고, 아파트 소유 여부에 따라 자산이 많이 달라졌기 때문에 부모가 가정에서 부동산 이야기를 많이 해서 아이들도 부모를 따라 한 것이었습니다.

만약 아이가 돈에 관심을 보인다면, 어린이 경제도서를 보면서 경제 지식을 쉽고 재미있게 쌓게 하거나, 가족이 함께 모여 돈에 대한 생각을 각자 말해보는 것도 도움이 됩니다.

자녀의 가치관을 만드는 것은 결국 부모의 가치관입니다. 부모가 어떤 가치관을 갖고 있는지 생각해볼 필요가 있습니다. 가치관을 알려면 '무엇을 중요하게 생각하는지'와 '무엇에 주로 시간을 보내고 있는지'를 보면 됩니다.

많은 분들이 퇴직 이후에는 다른 사람들을 도우면서 살고 싶다고 합니다. 타인을 돕는 것이 가치 있는 일이라고 생각한다면, 이미 다른 사람에게 도움이 되는 삶을 살고 있을 것입니다. 작은 금액이라도 기부하고 있거나, 1365 자원봉사포털에서 봉사활동을 찾아서 해본 경험이 있을 것입니다. 그러나 내가 현재 누군가를 위해서 시간과 돈을 쓰고 있지 않다면, 타인을 돕는 것을 삶의 목표로 두고 있지 않은 것입니다.

현재 내 시간과 돈을 어디에 쓰고 있는지 생각해보면

평소 내가 가치 있다고 생각하는 일이

무엇인지 알 수 있습니다.

부모 스스로 자신이 원하는 가치가 무엇인지 살펴보세요. 한 분야에서 탁월한 사람이 되고 싶은지, 다른 사람과 화합하는 것이 중요한지, 작은 기쁨을 누리는 게 중요한지, 선한 영향력을 주는 사람이 되고 싶은지, 유명한 사람이 되고 싶은지, 인내심 있는 사람이 되고 싶은지, 돈을 많이 버는 사람이 되고 싶은지를 생각해보면 됩니다.

나침반처럼 가치관은 삶의 중요한 기준과 방향이 됩니다. 다양한 가치에 대해 아이에게 알려주고 싶다면, 부모의 가치관을 정립하는 것이 먼저입니다.

내 삶이 끝날 때 남기고 싶은 것이 무엇인지 생각해보세요. 총 10가지 정도로 정리해 목록을 작성하고, 그중 3가지에 집중해 보는 것도 좋은 방법입니다.

부모가 자녀에게
가치관을 만들어주고 싶다면
다양한 것을 체험하고 경험하게 해주면 됩니다.

아이가 앞으로 어떤 모습으로 살아갈지 고민하고 있다면, 아이가 중요하게 생각하는 가치에 맞는 일들을 찾게 합니다. 초등학생들에게 미래의 꿈에 대해 물어보면 '부자가 되고 싶다, 유튜버가 되고 싶다'라고 대답합니다. 그 이면에는 '유명해지고 싶다, 자유롭게 살고 싶다, 돈에 구애받지 않고 살고 싶다' 등 여러 가지 이유가 있을 것입니다.

가치관은 특별하거나 거창한 것으로 여기지 않아도 되며, 관심이 가는 영역을 살펴보면 됩니다.

부모가 부자 되는 것이 목표라면, 자녀에게 돈의 가치와 중요성에 대해 이해하기 쉽게 설명해주는 것이 도움이 됩니다.

타인에게 베풀고 조화로운 삶을 살고 싶다면, 자녀와 함께 자원봉사를 하는 것입니다. 지인 중에 가족이 함께 자주 봉사활동을 하고, 해외 봉사활동도 다니는 분이 있습니다.

아이는 자연스럽게 세계 각국의 아이들을 스스럼없이 돕고 함께 어울릴 수 있게 되었고, 대한민국을 넘어 전 세계가 하나라는 폭넓은 생각을 할 수 있게 되었습니다. 또한 외국어의 중요성과 필요성을 깨달아 부모의 강요로 영어 공부를 하는 것이 아니라, 적극적인 자세로 스스로 공부하게 되었습니다.

부모가 아이에게
무심코 던지는 행동과 말들이
아이의 가치관 형성에 많은 영향을 줍니다.

그래서 부모가 잘못된 가치관을 가지고 있는 경우, 자녀가 그것을 배우고 닮게 되면서 성인이 된 이후에도 어려움을 겪는 사례가 있습니다.

한 내담자는 어린 시절 어려운 친구들을 돕고 싶어서 자신에게 필요하지 않은 옷과 장난감을 바자회에 내려고 했는데, 부모가 아깝다면서 물건을 나누지 못하게 했다고 합니다.

이후 그는 '다른 사람과 무언가를 나누는 것은 아깝다'는 생각을 하게 되었고, 좀처럼 자신의 것을 나누기 싫어졌습니다. 문제는 자신의 것을 아까워하니, 친구들과 마음을 나누는 것도 힘들었다고 합니다.

자신의 것을 타인과 조금도 나누지 않고 인색했던 그는 어떻게 되었을까요? 결국 대인관계도 점점 좁아지고, 학창 시절 친구를 만들지도 못했습니다.

자신의 삶을 나누지 못하다 보니 외로움이 깊어졌고, 다른 사람과 소통하는 횟수가 줄어들면서 대인관계 능력도 점점 떨어져 갔습니다. 이러한 고립 상태로 인해 우울해지자, 상담실을 찾아오게 된 것입니다.

상담을 받은 후 부모의 가치관으로 살아왔던 방식이 삶을 힘들게 했던 것을 깨닫고, 기존의 방식을 버리고 다른 사람에게 다가가기 시작했습니다.

어떤 것도 나누려고 하지 않았던 이기적인 태도를 바꾸어 동료들에게 따뜻한 말을 먼저 건네고 커피를 사기도 하면서 친밀감을 쌓아갔고, 그토록 원하던 연애도 시작했습니다.

⁘

부모가 규칙과 가훈을 만든다고 아이가 그대로 따르지는 않습니다. 말과 행동으로 일상에서 본보기가 되주어야 합니다. 《이솝우화》에는 '어미 게와 새끼 게' 이야기가 나옵니다. 어미 게는 새끼 게에게 옆으로 걷지 말고 똑바로 걸으라고 했지만, 새끼 게는 그 말을 따를 수 없었습니다. 어미 게가 옆으로 걷는 것을 보고 자라 앞으로 걷는 방법을 몰랐기 때문입니다.

먼저 내가 중요하게 생각하는 가치관이 무엇인지 생각해보세요. 살다 보면 어떻게 살아야 할지도 모르겠고, 남과 비교하게 되면서 자신이 초라해지는 기분을 느낄 때가 있습니다.

하지만 자신이 소중하게 생각하는 가치관을 바탕으로 일관된 방향성을 가지고 노력하면, 외부의 평가에 좌지우지되지 않고 살아갈 수 있습니다. 자신이 원하는 삶의 방식으로 바꾸기 위해 용기를 내고 노력하는 것도 좋은 선택일 것입니다.

아이의 감정을 읽어준다는 것은

힘들거나 화가 날 때면
자신과 먼저 대화를 해보세요.
자신의 힘든 마음을 읽어주면서 공감이 될 때
아이의 마음을 읽어줄 수 있습니다.
자신의 마음을 잘 이해할 때
아이의 마음을 살펴줄 수 있습니다.

우리는 때때로 부정적인 감정을 받아들이는 것이 어려울 때가 있습니다. 감정을 다루는 방법을 제대로 배운 적이 없기 때문에 부정적인 감정이 들면 회피하거나, 축소하려는 경향이 있습니다. 하지만 이러한 방식으로 감정을 다루면 문제를 더 크게 키울 수 있습니다.

스트레스를 받거나 슬플 때 주로 어떻게 하시나요? 당장은 고통을 피하고 싶은 마음이 클 수 있습니다. 그래서 잠을 자거나, 술을 마시거나, 쇼핑을 하거나, 넷플릭스나 유튜브를 보면서 시간을 보내기도 합니다.

부모가 감정을 어떻게 느끼고 처리하는지에 따라, 아이가 자신의 감정을 받아들이고 처리하는 방법이 달라집니다. 그래서 부모가 자신의 감정을 인식하고 적절하게 처리하는 것이 중요합니다.

우리는 어린 시절부터 다양한 감정들을 느끼면서 성장합니다. 작게는 처음 만난 사람을 경계하거나 변기에 앉는 것을 두려워하고, 크게는 반려동물의 죽음을 경험하기도 합니다.

이때 부모는 아이가 감정을 어떻게 받아들이도록 도와주어야 할까요? 먼저 부모가 자녀의 감정을 제대로 받아들이지 않는 경우를 살펴보겠습니다.

감정을 축소시키는 부모

아이가 새로운 시도를 할 때 힘들고 두려워하는데 부모가 그것을 별것 아닌 것으로 축소시키면, 아이는 자신의 감정이 잘못된 것처럼 느낄 수 있습니다.

부모는 경험을 통해 바닥 분수에서 나오는 낮은 물줄기나 물놀이를 하는 일 등이 위험하지 않고 안전하다는 것을 알고 있지만, 처음 경험하는 일이라면 아이는 낯설고 무서울 수 있습니다.

"조용히 해. 무서운 거 아니야."

"이 정도로 겁을 먹으면 어떻게 하니?"

아이의 감정을 무시하거나 축소하면, 아이는 자신의 감정을 표현하지 않게 될 수 있습니다. 부정적인 감정을 느낄 때마다 자신을 비난하거나 숨기려고 하며, 더 큰 두려움과 불안에 빠지기도 합니다. 이러한 경향은 다른 사람에게 친밀감을 드러내거나 의존하는 것을 어려워하는 등 대인관계에 영향을 줄 수 있습니다.

감정 표현을 억압하는 부모

동생과 싸우고 속상해서 우는 아이에게 "형이 돼서 뭐 하는 거야. 뚝 그치지 못해!"라고 윽박지르거나, 친척들이 모인 자리에서 아이가 가장 아끼는 장난감을 동생에게 주면서 "네가 언니니까 양보 해야 된다"라고 하면 아이는 억울함만 늘어갑니다.

아이는 엄마가 원하는 대로만 행동해야 한다는 생각에 분노가 쌓이게 됩니다. 나아가 내 감정을 표현해도 받아주지 않는 엄마는 더 이상 내 편이 아니라는 생각을 하게 됩니다.

아이는 성장할수록 나의 힘든 감정을 알아주는 않는 부모에게 마음의 문을 닫고 소통하려고 하지도 않습니다.

⁘

아이가 이런 말을 할 때 어떻게 반응하시나요?

"엄마, 나 어린이집에 가는 거 힘들어요."

엄마 입장에서는 바로 말이 이렇게 나올 수 있습니다.

"그래도 가야지. 안 가는 게 말이 돼?"

아이가 어린이집에 가야 된다는 것을 몰라서 엄마에게 이런 말을 했을까요? 친구에게 속상한 일을 털어놓았는데, 친구가 옳은 말만 하면 더 이상 이야기하기가 싫어집니다. 마찬가지입니다. 아이는 그저 자신의 마음을 말하고 싶은 것입니다. 물론 엄마 입장에서는 여러 가지 생각이 들 수 있습니다.

'아이가 어린이집에서 무슨 일이 있었나?'

'아이가 어린이집에 계속 가지 않는다고 하면 어떻게 하지?'

'내가 아이를 잘못 키우고 있는 건가?'

만약 아이의 말을 듣고 화가 나서 견딜 수 없다면 어떻게 해야 할까요? 그 감정을 알아차리는 것이 중요합니다. 만약 화가 났지만 알아차리지 못한다면, 남편에게 내가 화나 보일 때 알려달라고 할 수도 있습니다.

부모가 자신의 감정을 알아차리는 것과
그 감정을 그대로 표현하는 것은
별개의 문제입니다.
내 안의 감정을 그대로 받아들이라는 것은
아이에게 화를 내거나 비난하라는 의미가 아닙니다.

분노한 것을 부정할 때가 있습니다. 입으로는 화가 나지 않았다고 하지만, 눈빛이 돌변하면서 공격적인 태도를 취하기도 합니다.

화는 좌절감에서 나오는 감정입니다.
화가 났을 때 빨리 알아차리고
화가 났다면 폭발하는 것을 멈추어야 합니다.
엄마가 마음이 편하지 않으니
다시 이야기하자고 잠시 멈추는 것입니다.
스스로 마음을 추스른 뒤에 아이와 대화를 시작합니다.

감정을 통제하지 못하고 참을 수 없는데
대화를 이어가는 것은
아이의 마음을 더욱 아프게 하는 일입니다.

부모가 되면 아이의 문제를 적극적으로 해결해주고 싶은 마음이 커집니다. 내가 가장 좋은 해답을 제시해 주어서 아이가 힘들지 않기를 바랍니다. 이러한 마음이 앞서다보니, 아이의 감정을 읽어주지 못할 때가 많습니다.

아이의 마음을 읽어주는 것이 먼저입니다. 바르게 잡아주고 싶은 마음이 급해서 "그래도 가야지. 안 가는 게 말이 돼?"라는 말이 올라오더라도 잠시 멈추고, "어린이집에 가기 싫구나. 가는 게 힘들어?" 하면서 마음을 읽어줍니다.

그리고 어린이집에 가는 것은 선생님, 친구들과 약속한 시간이고, 엄마도 회사에 가야 한다고 설명해줍니다. 혼내지 않고, 아이의 부정적인 감정은 읽어주는 엄마가 되는 것입니다. 물론, 현실에서는 화가 나서 심호흡을 천천히 하거나, 잠시 쉬었다가 대화를 해야 할 때도 많습니다.

힘들거나 화가 날 때면
자신과 먼저 대화를 해보세요.
자신의 힘든 마음을 읽어주면서 공감이 될 때
아이의 마음을 읽어줄 수 있습니다.
자신의 마음을 잘 이해할 때
아이의 마음을 살펴줄 수 있습니다.

아이의 감정을 읽어준다는 것은
옳고 그름을 판단하기 전에
있는 그대로의 마음을 받아주는 것입니다.

부모에게 자신의 감정을 이해받은 경험은 아이에게 힘이 됩니다. 감정을 건강하게 표현할 수 있게 하고, 타인에 대한 신뢰와 이해를 높여 대인관계에도 도움을 줍니다.

아이의 자존감을 키우는 것은 엄마의 눈빛입니다

아이 스스로 사랑받는 존재라고 생각하면,
인생에 크고 작은 실패와 좌절이 닥쳐도
일희일비하지 않고 다시 일어설 수 있습니다.

부모는 아이의 자존감을 높여주고 싶어 합니다. 아이의 자존감은 왜 중요할까요? 자존감이 높은 아이와 낮은 아이의 차이점은 무엇일까요? 아이의 자존감을 높이기 위해서는 어떻게 해야 할까요?

부모가 아이를 바라보면서 기뻐하고 즐거워할 때
아이는 자신이 소중하다는 생각을 하게 됩니다.
그래서 엄마가 스스로 삶을 즐기고
감사하며 살아가는 것이 가장 중요합니다.

아이의 자존감을 키우는 것은 엄마의 눈빛입니다.
아이의 긍정적인 변화나 작은 성장에도 엄마가 기뻐하면
아이는 자신이 기쁨의 존재라는 것을 알게 됩니다.
아이가 잘하는 것을 당연히 여기는 것이 아니라,
감탄하면서 바라봐주는 것입니다.

⁘

드라마 〈그린마더스클럽〉에서는 경쟁적인 분위기 속에서 자식을 명문대에 보내기 위해 공부를 강요하는 엄마들의 이야기가 나옵니다. 엄마들과 상담을 하다 보면 아이에게 원하는 기준이 있습니다. 밝고 명랑해서 친구들과 잘 지내고, 성적도 상위권이고, 운동도 잘했으면 하는 것입니다. 아이가 나보다 더 나은 삶을 살았으면 하는 바람 때문일 것입니다.

하지만 기대가 클수록 아이에게 실망할 일이 자주 생깁니다. 부모가 아이를 실망스러운 표정과 눈빛으로 바라보는데, 아이가 자신을 사랑받는 존재라고 생각할 수 없습니다. 아이를 개별적인 존재로 인정하는 것이 중요합니다. 우리가 가진 기대가 가능한 일인지 아닌지도 확인해봐야 합니다.

자녀 양육이 힘들게만 느껴진다면, 엄마가 아이에게 무엇을 기대하는지 작성해보세요. 아이를 위한 일이라고 하지만, 엄마의 욕심일 수 있습니다.

친구 관계가 원만하지 않거나, 불안감이 높아 상담실을 방문했던 아이들도 놀이치료가 종결될 즈음이 되면 "이번에는 제가 선생님 봐드릴게요!" 하면서 여유로운 태도를 보입니다. '정서적인 안정감'을 경험했기 때문입니다.

가끔은 아이가 우쭐거리며 엄마보다 내가 더 잘한다고 의기양양할 때 받아주기도 하고, 아이가 잘난 척한다고 나무라지 않는 것도 필요합니다. 적절한 유머도 아이와 대화할 때 도움이 됩니다.

아이 스스로 사랑받는 존재라고 생각하면,
인생에 크고 작은 실패와 좌절이 닥쳐도
일희일비하지 않고 다시 일어설 수 있습니다.
아이 그 자체로 사랑해줄 때
있는 그대로 받아들여줄 때
아이의 자존감이 올라갑니다.

수줍고 소심한 성격이라도 괜찮습니다

아이의 삶은 아이의 것입니다.
아무리 부모가 아이를 위한
최선의 길을 제시해도
아이는 자신의 삶을 살아갈 수밖에 없습니다.
아이는 그저 내가 잠시 맡아서 키우는
선물 같은 존재입니다.

평소 바라는 아이의 성격이 있나요? 소심한 아이의 성격 때문에 고민이라며 상담실에 오는 엄마들이 적지 않습니다. 엄마가 아이에 대해서 걱정하면, 아이는 자신을 부정적으로 바라보게 됩니다.

"별일도 아닌데 징징대지 마."

"왜 이렇게 예민하게 굴어?"

"너는 성격 좀 바꿔야 돼."

같은 성격도 부모가 어떻게 표현하느냐에 따라 달라집니다.

'예민하다' 대신 '세심하다',

'산만하다' 대신 '활기차다',
'느리다'를 '여유 있다'라고 말해줄 수 있습니다.
부모가 아이를 평가하는 말은
아이가 자신을 인지하는 기준이 됩니다.

⁘

아이를 잘 키우고 싶다는 마음이 앞설 때면 야단을 치고 잔소리를 하게 됩니다. 부모가 되기 전에는 불안한 것이 없었는데 육아를 하면서 불안도가 높아졌다는 분들이 많습니다.

아이에 대한 불안은 대부분 미래에 대한 걱정입니다. 소심해서 당하기만 하고, 친구 관계가 원만하지 않을까 고민합니다.

나의 불안과 아이의 미래가
반드시 일치하는 것은 아닙니다.
"너 이러다가 어쩌려고!"
"내가 너 때문에 못산다.
이렇게 소심해서 어떻게 하려고 그래?"

나의 불안함을 투사한다고 아이는 변하지 않습니다.

부모의 막연한 불안을 아이에게 전가시키지 마세요.
아이는 자신의 미래를 부정적으로 보게 되고
'나는 엄마를 걱정시키는 아이'라는 생각에 머무르게 됩니다.
아이의 미래를 부정적으로 예언하지 마세요.

어린 시절 '조용하고 소심했다'는 연예인, CEO, 각 분야를 이끄는 리더들도 있습니다. 소심한 성격이 삶에 걸림돌이 된다고만 볼 수도 없습니다.

부모가 밝고 명랑하고 씩씩한 성격을 강요할수록 아이는 자신의 성격에 문제가 있고, 변할 수 없다는 생각에 좌절감만 커져 갑니다.

부모의 바람 때문에 아이의 기질을 무시하고 양육하면, 아이는 독립된 인격체로 성장하지 못하고 부모의 사랑을 갈구하는 어린아이로 남을 수밖에 없습니다. 인정받지 못했다는 마음과 문제가 있는 사람이라는 인식 때문에 자존감을 지키며 살아가기 어렵습니다.

⁘

소심한 아이의 성격에 대한 고민으로 상담실에 오신 분들과 이야기를 나누다 보면, 엄마 자신도 조용하고 섬세한 성격을 가진 경우가 있습니다.

"어린 시절, 친정 어머니로부터 저는 '소심하다, 예민하다'는 말을 자주 들으면서 컸어요. 그래서 제 성격에 문제가 있는 것은 아닌지 고민이 많았는데, 아이가 제 성격을 닮은 것 같아서 많이 속상해요."

내가 어린 시절에 자주 들었던 말을 생각해보길 바랍니다. 가족의 대화 방식에 따라 집안의 분위기는 다릅니다. 소통이 잘되는 가족도 있고, 대화가 많지 않은 가족도 있고, 서로 비아냥거리는 것이 일상인 가족도 있습니다.

또한 나의 부모가 세상을 지각하는 방식에 대해 생각해보면 도움이 됩니다. 부모에게 세상은 무섭고 두려운 곳이라고 배웠다면 새로운 일에 도전하는 것이 지나치게 두려울 수 있고, 부모가 사람들의 시선에 민감했다면 자녀 또한 그 시선을 많이 신경 쓸 수 있습니다.

내가 어린 시절 주로 느꼈던 감정이 무엇인지를 살펴보면, 내가 현재 자주 느끼는 감정의 시작을 알게 됩니다. 이를 '핵심 감정'이라고 합니다. 어린 시절의 기억이나 반복되는 꿈들 그리고 자주 듣던 잔소리나 친정 부모님이 자주 했던 말들을 떠올려보길 바랍니다.

'아이의 성격을 바꾸어야 한다'는 결론을 내리기 전에 아이와 내 삶을 분리해서 보지 못하고, 불만족스러운 나의 삶이 아이에게 대물림될까 불안했던 것은 아닌지 살펴볼 필요가 있습니다. 부모가 자신의 모습을 수용하지 못할수록 아이를 바꾸려고 하는 데 에너지를 쓰게 됩니다.

누구나 자신의 경험과 신념에 따라 현실을 인식하고 해석합니다. 그래서 엄마가 가진 부정적인 신념과 선입견 때문에 아이를 부정적으로 바라보는 것은 아닌지 살펴볼 필요가 있습니다.

아이는 그저 내가 잠시 맡아서 키우는
선물 같은 존재입니다.

부모의 미래에 대한 지나친 불안과 걱정은
아이의 잠재력을 꽃피우는 데 방해가 됩니다.

아이의 삶은 아이의 것입니다.

아무리 부모가 아이를 위한

최선의 길을 제시해도

아이는 자신의 삶을 살아갈 수밖에 없습니다.

성인인 우리도 자신을 다스리는 것은 어려운 일입니다. 나의 불완전함을 받아들이고, 내가 원하는 것을 아이에게 이야기해도 그대로 변하는 것은 어렵다는 것을 받아들이는 자세도 필요합니다. 이러한 노력을 통해 아이와 더욱 가까워지고 함께 성장해 나갈 수 있습니다.

〖 **치유노트** 〗

평소 바라는 아이의 성격이 있나요?

아이의 성격에 대해서 있는 그대로 써보세요. 부정적으로 평가하는 단어를 바꿔보세요.

예) 예민하다 → 섬세하다/ 소심하다 → 신중하다/ 욕심이 많다 → 적극적이다

Chapter 27

부모는 해결사가 아닙니다

아이가 자랄수록 부모의 역할은 줄어들고,
상담사의 역할을 하게 됩니다.
아이가 넘어질 때 다시 일어날 수 있도록
용기 있게 자신의 한계를 받아들이고
앞으로 나아가는 방법을
스스로 찾을 수 있게 해주세요.

학교나 직장에서 실패를 경험한 후, 다시 일어나지 못하고 의욕 없이 집에만 머무는 청년들을 상담실에서 만났습니다. 성적이 좋지 않았지만, 재수를 하면 좋은 대학에 갈 수 있을 거라는 막연한 기대로 도전했다가 실패하고 자신에게 크게 실망한 경우입니다.

또 공무원 시험이나 대기업 취업을 준비하다가 그 기간이 너무 길어지면서 좌절감을 이겨내지 못하고 우울증에 빠지는 경우도 있습니다.

미디어에 나오는 영앤리치와 월급쟁이에 머물러 있는 자신을 비교하며 '더 이상 계층을 이동하는 사다리는 없다'는 한탄을 하기도 합니다.

왜 이런 일들이 발생하는 걸까요? 부모가 아이를 응석받이로 양육하는 경우가 있습니다.

집에서는 특별한 공주와 왕자이지만 학교에서는 많은 아이들 중 한 명일 뿐입니다. 아이가 스스로 '나는 특별하고 누구보다 괜찮아야 한다'는 생각을 가지고 있다면 사소한 실패도 견딜 수 없게 됩니다. 대인관계에서 갈등이 생길 때 해결하는 방법을 모색하는 것이 아니라 절연하는 방법을 먼저 택하고, 좋은 결과가 나올 것 같지 않으면 아예 시도조차 하지 않는 식입니다.

태어나면서부터 인간은 좌절할 수밖에 없습니다. 뒤집기, 기어다니기, 걷기, 수저로 흘리지 않고 밥 먹는 일조차 수없이 실패하고 시도한 끝에 가능해집니다. 한 단계 성장하기 위해 눈물을 흘리면서 다시 일어서는 고통을 경험할 수밖에 없습니다.

부모가 자녀의 모든 좌절을 막아줄 수 없습니다.
어려움이 생길 때마다 극복하는 방법을
모두 알려줄 수도 없습니다.
중요한 것은 좌절할 수밖에 없는 상황에서

부모가 해결사가 되는 것이 아니라
적절한 반응을 해주는 것입니다.

아이가 좌절할 때 그 감정에 민감하게 반응하고, 힘든 감정을 있는 그대로 들어주는 것입니다.

최선을 다한 아이가 부모에게 "왜 그것밖에 못했어?", "더 잘하지 그랬어!"라는 말을 듣는다면 다시 한 번 더 도전해보고 싶을까요?

야단치지 않고 자녀의 상실감을 들어주는 것부터 시작하면 됩니다. 열심히 노력해도 목표를 이룰 수 없을 때도 있고, 재능이 있다고 생각했던 분야에서 나보다 더 뛰어난 누군가를 만나기도 합니다. 그런 좌절을 겪을 때 그 힘든 감정을 그대로 들어주는 것입니다.

엄마가 힘든 일을 경험했거나 원하는 대로 잘되지 않을 때 어떠한 방식으로 자신을 대하는지 살펴보면 '좌절을 대처하는 능력'을 알 수 있습니다. 엄마 스스로 원하는 일들을 이루지 못할 때 왜 그것밖에 못하냐고 자신을 미워하지는 않는지 살펴보는 것입니다.

엄마가 자신을 미워하거나 싫어하면서, 아이에게 넉넉한 사랑을 주기는 힘듭니다. 그동안 자신을 몰아세우는 방법으로 대처해왔다면 다른 방식이 필요합니다.

신학자 라인홀드 니버Reinhold Niebuhr의 기도문은
제 삶에 도움이 되었습니다.
"내가 바꿀 수 없는 것을 받아들이는 평온함을,
바꿀 수 있는 것을 바꾸는 용기를,
그리고 그 차이를 분별할 수 있는 지혜를 주소서."

양육하면서 스트레스를 받는 요인 중 하나가 아이의 친구관계입니다. 대부분의 부모가 친구 무리를 이끄는 리더십이 있는 아이가 되기를 바라지만, 남자아이들의 경우 리더와 추종자로 나뉠 때가 있습니다. 리더인 친구가 내 아이에게 제멋대로 구는 것을 보면 엄마는 그 아이와 내 아이를 멀리하게 만들고 싶은 마음이 생길 수도 있습니다.

친구가 괴롭힘의 정도가 심하다면, 엄마가 개입하거나 아이에게

자기주장훈련이 필요할 수도 있습니다. 그러나 관계에 어려움이 있을 때마다 부모가 나서서 차단시켜 준다면 아이는 친구들을 사귀는 것이 점점 더 어려워질 것입니다.

아이가 고통을 겪는 것을 볼 때면 화가 나고 아이의 문제를 해결해주고 싶은 마음도 커집니다. 하지만 아이를 무균실에서만 평생 양육할 수 없습니다. 코치가 아무리 뛰어나다고 해도 경기를 하는 것은 선수인 것처럼, 아이가 스스로 해결할 수 있도록 기회를 주어야 합니다. 부모의 성급한 마음이 아이가 성장할 수 있는 기회를 빼앗습니다.

아이가 자랄수록 부모의 역할은 줄어들고,
상담사의 역할을 하게 됩니다.
아이가 넘어질 때 다시 일어날 수 있도록
용기 있게 자신의 한계를 받아들이고
앞으로 나아가는 방법을
스스로 찾을 수 있게 해주세요.

아이가 좌절할 때마다

엄마가 오히려 더 감정적으로

격분하고 불안해하지 않는지 되돌아보세요.

불안이 높은 부모는

아이의 감정을 위로하지 못하고

오히려 아이에게 그 불안을 위로받길 원합니다.

이로 인해 아이의 불안은 가중됩니다.

아이에게 어떤 어려움이 생겼을 때, 부모 스스로 모든 게 내 탓이라는 생각에 빠지면 우울해질 수 있습니다. 그러면 아이가 실수하거나 좌절할 때 용납하는 것이 힘들어집니다.

만약 이전에 경험했던 것과 유사한 상황이 다시 발생한다면, 어린 시절에 일기를 썼던 것처럼 기록을 남겨보세요. 하지만 이번에는 단순하게 상황을 기술하는 것뿐만 아니라, 어떤 다른 해결책이 있는지 생각해보는 것입니다.

아이의 어려움에 공감하고 지지하는 엄마는

아이를 성장하게 합니다.

인생에서 실패했을 때

이 일을 통해서 성장할 수 있고,
넘어진다고 할지라도 다시 하면 된다는 믿음이 중요합니다.

'다시 하면 된다'는 부모의 든든한 목소리가
아이에게 남아 있을 때 자신을 다독일 수 있습니다.
부모의 목소리는 내면화되어
힘든 상황에서 자기 위로를 할 수 있는 힘이 됩니다.

아이와 노는 것이 너무 재미없어요

놀이시간을 교육적인 목적으로
활용하지 않아도 됩니다.
일상에서 소소한 행복을 찾고
상호작용에서 즐거움을 누릴 수 있다면
그걸로 충분합니다.

아이와의 놀이가 힘든 이유는 무엇일까요?

아이와 같이 노는 것이 지루하고 힘들다고 하는 분들이 있습니다. 대부분의 부모는 아이에게 정확한 답을 찾아주고 싶어 합니다. 아이가 답을 알면 빠르게 바른 길로 갈 수 있을 거라고 생각합니다. 놀이에서 엄마가 알고 있는 것이 정답인 경우가 많기 때문에 아이가 그대로 따라주기를 바랍니다.

그것이 과연 아이가 원하는 것일까요? 어린 시절 부모에게 원했던 것이 무엇인지 생각해보세요. 아이와의 놀이에서 중요한 것은 정답이 아닙니다. 아이의 생각을 있는 그대로 들어주는 것, 그 감정을 함께 느끼고 경험하는 것이 전부입니다.

애써 무엇을 하려고 하지 않을 때 변화가 일어납니다. 놀이시간에 두뇌 발달에 도움이 되는 놀이, 오감을 자극하는 놀이, 창의적인 놀이를 하겠다는 생각을 버리고, 동심으로 돌아가 아이와 눈높이를 맞춰보세요.

엄마가 주도하는 것이 아니라
아이가 하는 대로 따라가세요.
아이의 바람을 그대로 인정하고
놀이를 주도적으로 할 수 있게 도와주세요.

놀이치료를 하다 보면 일부 아이들은 공격성을 드러내곤 합니다. 박찬욱 감독은 인터뷰에서 영화로 복수 시리즈를 만든 이유에 대해, 나쁜 일을 저지른 사람들에게 복수하고 싶지만 현실에서는 그럴 수 없기 때문에 영화로 만들었다고 했습니다.

아이들 안에는 다양한 감정이 있습니다. 블록 놀이를 하면서 성취감과 좌절감 등을 자유롭게 표출합니다. 불과 얼마 전까지 손과

눈의 협응 능력이 부족해서 조립하지 못했던 것들을 완성하면, 내가 해냈다면서 의기양양한 모습을 보입니다.

아이들은 발달단계에서 두려움을 느끼기도 하는데 놀이를 통해 해소하고 극복하기도 합니다. 무서운 귀신 놀이를 통해 두려움을 이겨내기도 하고, 총과 칼 놀이를 하면서 내면의 공격성을 드러내기도 합니다.

놀이치료를 할 때 모래 놀이를 하면서 묵은 감정을 표출하기도 합니다. 공룡을 파묻기도 하고, 죽였다가 다시 살리기도 하고, 약한 아이가 거인을 무찌르기도 합니다.

역할놀이를 하면서는 상대와 입장을 바꾸어 생각해보면서 이해의 폭을 넓히고 공감 능력을 향상시키면서 대인관계 능력을 기릅니다.

친구들 사이에서 무시를 당했던 상처가 있는 아이의 경우, 놀이를 하다가 속이 상하면 선생님을 타박하기도 합니다. 하지만 안정감을 찾으면 아이들은 상담사가 놀이를 하다가 실수를 해도 봐주고 표정도 밝아집니다.

놀이는 특별한 장난감이 있어야만 하는 것은 아닙니다. 주말에 공원이나 놀이터에 나가 신체놀이를 할 수 있습니다. 아이는 놀이의 정해진 규칙을 지키면서 하나씩 배워갑니다.

어릴 적 경상도에서는 땅에 오징어 모양의 선을 그어 노는 오징어 달구지라는 게임을 했습니다. 얼음땡이라는 놀이를 할 때는 달리기를 잘 못하는 친구나 동생을 깍두기라고 부르며 배려해주기도 했습니다.

숨바꼭질, 무궁화 꽃이 피었습니다, 고무줄놀이 등은 특별한 준비물이나 도구 없이도 충분히 즐거움을 경험할 수 있습니다. 신체놀이를 할 때는 아이가 미숙하더라도 상세하게 코치를 하지 마시고, 함께 즐기고 지켜봐주세요.

아이와 놀아주는 것이 피곤하기도 하고, 발달에 도움이 될 거 같아 필요 이상으로 장난감을 사주는 경우가 있습니다. 마트 안 장난감 코너에서 부모와 아이가 실랑이를 벌이는 모습을 종종 보게 되는데, 아이가 새 장난감을 계속 사고 싶어 하고 경제적인 여유가 있다고 하더라도 기다리는 법을 가르쳐주는 것이 좋습니다.

아이의 자기 통제력과 성공 관계를 밝혀낸 마시멜로 실험은 널리 알려져 있습니다. 아이들에게 마시멜로를 제공하고 "15분간 마시멜로를 먹지 않고 기다리면 더 많이 얻을 수 있다"고 설명합니다. 실험을 마치고 마시멜로를 즉각 먹은 아이들과 15분을 기다린 아이들을 추적 관찰한 결과, 성인이 되었을 때 먹지 않고 기다렸던 아이들이 더 학업 성취도가 높았고, 사회적으로 성공한 것으로 밝혀졌습니다. 이처럼 당장 즐거움을 느끼기 위해 원하는 물건을 즉각적으로 사주는 것은 아이에게 오히려 독이 될 수도 있습니다.

반면, 아이의 요구를 들어주지 않고 지나치게 절제를 강요하게 만드는 것도 성인이 되어 물욕에 빠지게 하는 원인이 되기도 합니다. 따라서 사고 싶은 마음은 받아주되, 욕구를 절제하고 기다리는 법도 알려주는 것이 도움이 됩니다.

엄마가 아이와 놀 때 재미있게 해주어야 한다거나, 아이에게 교훈을 주어야 하거나, 무언가를 알려주어야 한다는 압박에서 벗어나세요.

함께 놀이시간을 보낼 때 아이의 행동에 어떻게 반응해야 할까요? 이 방법을 모르면 난감할 수 있습니다. 이때는 '트래킹 기법'이 도움이 됩니다.

"인형이 지금 빨간색 옷을 입고 있네."

"비행기가 날아가는구나."

아이의 놀이 상황을 있는 그대로 설명하는 것입니다. 의성어를 사용하는 것도 아이들이 좋아합니다.

"비행이가 슝~ 하고 날아가네."

"문에서 덜컹덜컹 소리가 나네."

놀이를 하는 아이의 행동을 읽어줄 수도 있습니다.

"우리 진우가 엉덩이를 흔들며 춤을 추고 있네."

아이가 즐거워하고 재미있어하는 것이 무엇인지 살펴보세요. 아이는 엄마가 자신에게 관심을 갖고 있다는 사실만으로도 행복해 합니다.

놀이에 대해서 무겁게 생각하지 않아도 됩니다. 내가 할 수 있는 만큼 아이와 놀면 됩니다. 하루 20~30분, 일주일에 1~7회 내가 할 수 있는 만큼 아이와 시간을 보냅니다.

이때는 핸드폰을 손에서 내려놓고 TV도 끄고, 온전히 아이에게 집중해주세요. 그저 아이의 곁에 머무르며 '함께' 시간을 보내는 것입니다.

놀이시간을 교육적인 목적으로
활용하지 않아도 됩니다.
일상에서 소소한 행복을 찾고
상호작용에서 즐거움을 누릴 수 있다면
그걸로 충분합니다.

아이가 엄마와 떨어지는 것을 힘들어해요

아이가 태어나서 세상에 적응하는 것처럼
부모도 아이에게 적응하는 시간이 필요합니다.
어른이 된다는 것은, 사랑받고자 했던 욕구를
사랑을 주는 능력으로 발전시켜 나가는 것입니다.

진아 씨는 친정어머니처럼 아이를 키우고 싶지 않았습니다. 그래서 틈이 날 때마다 부모교육 강의를 찾아 듣고, 자녀교육서도 매일 읽었습니다.

첫째 아이는 기질이 순했지만, 둘째 아이는 자기주장이 강하고 말을 잘 듣지 않았습니다. 둘째 아이가 어린이집에 처음 입소할 때 한 달 정도 울어서 애를 많이 먹었는데, 적응을 한 뒤에도 어린이집에 가기 싫다는 말을 자주 했습니다.

문제가 생기면 각자의 기질과 성격에 따라 아이들은 다른 반응을 보입니다. 아이가 한 달이 지나도 어린이집에 적응하지 못하고 가기 싫어한다면 원인을 찾아볼 필요가 있습니다.

1. 분리불안이 있는 경우입니다.

부모와 분리될 때 구토, 복통, 두통 등의 신체적 증상이 나타나는 것, 분리와 관련된 반복적인 꿈을 꾸는 것, 부모를 잃거나 부모에게 사고가 날 거라고 지속적으로 걱정하는 것, 부모 없이 혼자 지내는 것을 극심하게 두려워하는 등 앞서 열거한 불리불안 증상 중 3가지 이상이 최소 4주 이상 지속될 때 분리불안을 경험한다고 봅니다. 이러한 경우에는 엄마 혼자 해결하려고 하지 말고 전문기관에 도움받는 것을 제안합니다.

2. 또래와 어울리는 것이 어려운 경우입니다.

만약 아이가 성장환경에서 다른 아이들과 어울리는 경험이 적다면, 새로운 친구들과 관계를 맺는 것이 어려울 수 있습니다. 특히 수줍음이 많은 성격이라면, 새로운 학기가 시작될 때마다 어떤 친구들과 친해져야 할지 걱정하기도 합니다.

3. 부모의 불안이 아이에게 전이된 경우입니다.

자녀가 품 안에서 벗어날 때 걱정이 되고 염려될 수 있습니다. 하지만 부모가 아이와 떨어지는 것을 지나치게 힘들어하고 불안해하면, 아이도 불안이 높아질 수 있습니다.

4. 인지 능력이나 사회성 발달이 느린 경우입니다.

부모가 아이의 문제를 가장 늦게 알게 되는 경우도 많습니다. 학습이 느리거나, 친구들과 어울리는 것을 유달리 힘들어하는 것은 아닌지 살펴볼 필요가 있습니다.

아이의 모든 문제가 부모로부터 시작되는 것은 아니지만, 부모 자신을 살펴보는 것도 도움이 됩니다. 진아 씨는 어릴 때부터 혼자가 편하고, 사람들과 관계를 맺는 것이 어려웠습니다.

결혼은 오랜 친구와 했고, 결혼 후에도 동네 엄마들과 어울리거나 외부 활동을 하는 일이 거의 없었습니다. 그래서 그녀의 아이들은 새로운 환경이나 상황에 노출될 일이 적었습니다.

그녀는 어린이집 교사와 통화 후 둘째 아이가 어린이집에서 친구들과 잘 어울리지 못한다는 것을 알게 되었습니다. 친구들을 잘 사귀지 못했던 자신의 학창 시절을 떠올리면서 아이에 대한 걱정이 밀려왔습니다. 친구들과 친하게 지내고 싶었지만, 불안이 높아 관계를 회피해 버리고 말았던 것입니다.

주변 사람들과 문제가 생길 때면 거리를 두거나 혼자만의 시간을 가질 수 있었는데, 출산한 이후에는 그마저도 힘들어졌습니다. 남편은 편안한 존재이기는 하지만, 양육에는 무관심해서 의지가 되지 않습니다.

아이의 욕구와 마음을 이해하기 위해서는 섬세함이 필요했는데, 이 부분이 진아 씨를 힘들게 했습니다. 그녀는 갈등이 생기면 참다가 다시 만나지 않는 방식을 택해왔기 때문입니다.

아이가 태어나서 세상에 적응하는 것처럼
부모도 아이에게 적응하는 시간이 필요합니다.
어른이 된다는 것은, 사랑받고자 했던 욕구를
사랑을 주는 능력으로 발전시켜 나가는 것입니다.

진아 씨는 어린 시절 사랑받는다는 느낌을 받지 못했습니다. 친정 부모님은 그녀에게 무관심했습니다. 특히 어머니는 시골에서 태어나 남편에게 순종적인 아내로 살면서, 아들이 성공하는 것이 자신이 잘되는 것이라 여기는 사람이었습니다. 그녀의 오빠는 조금만 잘해도 칭찬해 주었지만, 그녀가 잘하는 것은 대수롭지 않게 여겼습니다.

그녀는 회사에서 일을 잘했고 어학 실력도 뛰어났지만, 수용받고 관심받아 본 경험이 없어서 자신이 잘하는 것은 대단한 게 아니라고 생각했습니다.

순종적인 성향이었기 때문에 윗사람들과의 관계는 어렵지 않았지만, 승진을 하면서 직원들을 관리하는 일이 어려웠습니다. 작은 갈등이 생기기 시작하면 피해버렸고, 싫은 소리를 하는 것도 힘들어서 회사를 그만두게 된 것이었습니다.

⁘

진아 씨는 둘째 아이를 돌보면서 난감해하고 화를 내다가 무기력해지는 일이 지속되었습니다. 아이는 단순하고 반복되는 놀이를 좋아했는데, 함께 놀다가 잠시 쉬려고 하면 계속 놀아달라고 졸랐습니다.

'아이는 왜 이렇게 나를 힘들게 하나? 나는 왜 이렇게 아이를 돌보는 게 힘들까?' 하면서 세월이 빨리 흘러 할머니가 되어 이 지긋지긋한 육아가 끝났으면 좋겠다는 생각이 들었습니다. 그녀는 결혼, 육아 모든 것으로부터 도피하고 싶었습니다. 그러나 "너네 때문에 마지못해 사는 거야"라고 말하던 무기력한 친정어머니의 모습으로 살고 싶지는 않았습니다.

진아 씨는 친정어머니가 자신을 힘들어했던 것처럼, 자신도 둘째 아이를 귀찮아하는 모습을 발견하게 되었습니다. 부모와 자녀가 서로 편안하고 안정적인 감정을 가져야 하는데, 아이를 돌보는 것이 힘들었던 것입니다.

육아에서 엄마 자신을 발견해나가는 것만큼 중요한 것은 없습니다. 어린 시절의 행동 양식을 살펴보고, 지금과 맞지 않다면 과거와 다른 방식을 선택하고 실천하면서 삶의 범위를 넓혀 가면 됩니다.

엄마가 사람들에 대한 경계심이 지나쳐서 관계를 맺지 못하는 경우 놀이치료를 통해 아이의 대인관계 능력을 향상시킬 수는 있지만, 부모의 대인관계 모델링을 통해 배울 수는 없습니다. 이때 전문적인 상담을 받는 것이 어렵다면, 관심 있는 '취향 공동체'를 찾는 것이 도움됩니다.

진아 씨는 그동안 한 번도 시간을 내어 내면에 대해서 살펴본 적이 없었습니다. 그녀는 부모가 되기 전까지 관계 단절과 회피를 통해 살아왔지만, 앞으로는 용기를 내보기로 했습니다.

그녀는 아파트 커뮤니티에 '또래 아이를 키우는 엄마들을 만나고 싶습니다'라는 글을 올렸습니다. 독박육아를 하는 엄마들이 모여 공동체를 만들어가고 싶다는 내용이었습니다. 그렇게 4~5명의 엄마들이 모일 수 있었고, 육아 정보를 나누고 사정이 있을 때 서로 아이들을 돌봐주기도 했습니다. 책을 읽는 것을 좋아했기 때문에 한 달에 한 번 책을 읽고 의견을 나누기도 했습니다.

관계에서 오는 작은 기쁨을 누려보기도 하고, 실망도 하면서 친정 부모님이 그랬던 것처럼 모두가 그녀에게 관심이 없고 차가운 태도로 대하지는 않는다는 것을 경험하게 되었습니다.

그 과정에서 갈등이 생기기도 했지만, 함께할 수 있는 사람들이 생겨나자 육아가 전처럼 힘겹지만은 않았습니다. 서로 공감할 수 있는 사람들과 친밀감을 경험하는 시간을 갖게 되었기 때문입니다.

둘째 아이 역시 어린이집에 가는 것을 여전히 힘겨워하는 순간들도 있었지만, 친구를 한두 명씩 사귀면서 조금씩 변해갔습니다.

새로운 시도를 한다고 매번 성공할 수는 없습니다.

하지만 고정된 관점으로 살아간다면

평생 성장할 수 없을 것입니다.

해보지 않은 일을 시도할 때 필요한 것은 큰 용기가 아닙니다.

그녀가 '사람들을 만나고 싶다'고

작은 공을 쏘아 올린 것처럼

과거의 방식과 생각만 고집하지 않고

아주 작은 발걸음부터 시작하면 됩니다.

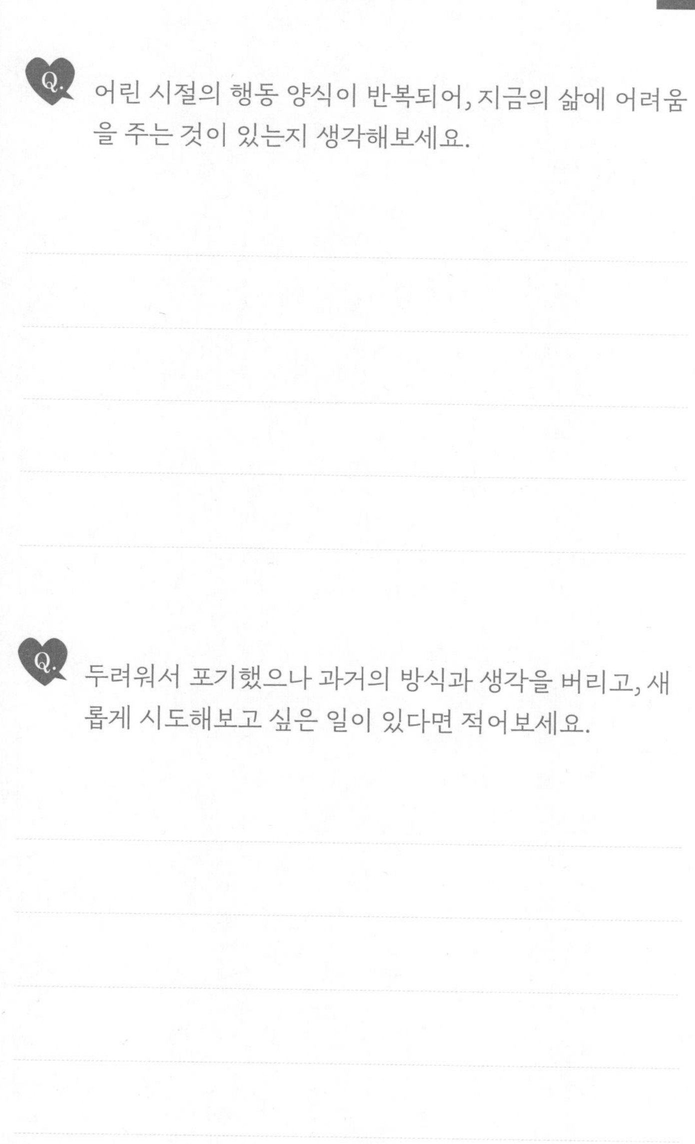

〖 **치유노트** 〗

Q. 어린 시절의 행동 양식이 반복되어, 지금의 삶에 어려움을 주는 것이 있는지 생각해보세요.

Q. 두려워서 포기했으나 과거의 방식과 생각을 버리고, 새롭게 시도해보고 싶은 일이 있다면 적어보세요.

태몽으로 아이의 가능성과 상상력을 자극해 주세요

부모는 아이의 세계를 만들어주는
가장 위대한 스토리텔러입니다.

부모가 태몽을 이야기해줄 때 신라를 세운 박혁거세가 알에서 나왔다는 신화처럼 아이를 비범한 스토리의 주인공으로 만들어 줄 수 있습니다. 이러한 이야기를 통해 부모는 아이에게 '너는 내게 특별하다'는 메시지를 전달할 수 있습니다.

신화나 전설을 보면, 주인공은 태어날 때부터 결핍이 있습니다. 그는 위대한 인물이 되기 위해 고향을 떠나야 하는 운명에 처해지지만, 온갖 시련과 역경을 이겨내기 위해 노력합니다. 이 모험을 떠날 때 주변에는 그를 도와주는 소중한 인물들이 있습니다. 여기서 이 스토리가 모두 성장을 위한 과정이라고 생각하면, 삶은 고통만으로 이루어진 것이 아니라는 것을 깨닫게 됩니다.

엄마에게는 어떤 이야기가 있나요? 친정 부모님은 어떤 이야기를 들려주었는지 떠올려보세요. 예를 들어 "너의 태몽은 포도였어"라고 말씀하셨다면 "내 태몽은 포도였구나" 정도로 끝날 것입니다. 하지만 평범한 태몽도 아이에게 들려줄 때는 이렇게 바꿀 수 있습니다.

"엄마 꿈에 아주 키가 큰 나무가 나왔어. 그 나무는 열매가 풍성하고 빛이 났지. 그 열매를 따기 위해 위로 올라가려고 했지만 계속 미끄러졌어. 그때 어떤 할머니가 나타나 나무에 올라가는 방법을 알려주셨어. 간절히 기도하면 올라갈 수 있다고. 엄마는 정성을 다해 기도했고, 결국 나무 꼭대기까지 올라갈 수 있었어. 무서웠지만 용기를 내 빛이 나는 쪽으로 손을 뻗어 포도를 딸 수 있었어. 땅에 내려와서 맛있게 먹었는데, 그 이후에 너를 갖게 됐어.

엄마가 그런 꿈을 꾸고 너가 태어났으니, 너는 많은 사람들에게 영향력 있는 사람이 될 거야. 빛이 나는 큰 나무의 열매였으니 말이야. 너가 나중에 커서 꿈을 이루는 데 어려움이 있을 수 있지만, 엄마를 도와준 할머니처럼 너를 도와줄 사람을 만날 수 있을지도 몰라."

이렇게 이야기하면 아이는 자신에 대해 어떻게 생각할까요? 엄마가 꿈에서 높은 나무에 올라가 포도를 얻게 된 것처럼 '나는 많은 열매를 맺을 수 있는 사람이다'라는 믿음을 갖게 될 것입니다. 힘든 일이 있어도 간절히 바라고 최선을 다하면, 나를 도와줄 사람이 있을 거라는 기대를 할 수도 있습니다. 고통과 고난을 만나면 힘들겠지만, 결국 이겨낼 수 있다는 믿음입니다.

태몽은 아이의 삶을 만들어내는 하나의 요소입니다.
아이에게 자신만의 이야기를 만들어주는 것은
엄마 자신에게도 삶의 의미를 부여해주는 일입니다.

《잭과 콩나무》 이야기에서 주인공은 거인과 맞서 싸우는 것이 아니라, 지혜롭게 이길 수 있는 방법을 찾아냅니다. 다양한 이야기를 통해 우리는 살면서 역경과 고난을 만날 수 있지만, 그것을 이겨낼 수 있는 방법이 있다는 것을 배웁니다.

자신에 대한 믿음이 있는 아이는 친구관계가 어렵거나 성적이 떨어지는 일이 있을지라도 다음 기회가 있다는 것을 믿습니다. 바로 이야기의 힘입니다.

한 인터뷰에서 감독과 배우인 커플이 한 말이 와닿았습니다.

"보기 싫은 사람이 있을 때 그 사람을 드라마 주인공이라고 생각하면 사랑스러워져요."

이처럼 이야기의 힘은 감정을 변화시키기도 합니다.

⁘

심리상담에서 이야기 치료의 목표는 정체성 찾기입니다. '나는 어떤 사람이고, 좋아하는 것이 무엇이며, 나는 타인과 이런 삶을 맺어 간다'라는 것을 알게 되는 것입니다.

상담을 하면서 자신을 바라보는 관점과 세상을 바라보는 창이 사람마다 다르다는 것을 알게 되었습니다.

자신에 대한 이야기와 믿음 체계가 삶을 이끌어갑니다.
부정적이거나 경직된 삶의 스토리를 가진 이들은
상담을 통해 자신의 삶에 대한
새로운 이야기를 만들어 나갑니다.
즉, 삶의 이야기는 자신의 정체성을 만듭니다.

엄마들 중에는 가부장적인 가족관, 미묘한 차별로 인해서 자신에 대한 빈약한 이야기를 정체성으로 가지고 살아가는 이들이 있습니다. 엄마가 자신에 대해서 부정적인 인식을 하고 있다면, 아이의 행동에 대해서 부정적인 관점으로 바라볼 수 있습니다.

아이는 엄마와의 관계를 통해서 자신에 대한 이야기를 쓰고, 엄마는 아이에게 들려주는 이야기를 통해 자신을 생각합니다. 엄마가 자신에 대한 이야기를 작성해보는 것도 도움이 됩니다. 글을 쓰면서 자신에 대해 부정적인 인식을 하고 있다는 것을 알게 되었다면 대안을 찾아볼 수 있습니다. 내 삶이 문제라는 생각에서 벗어나 새로운 정체성을 찾아갈 수 있습니다.

내 삶이 불안하고 빈약하다면 아이에게 부정적인 인식, 불안한 감정을 물려주게 됩니다. 행복했던 추억, 슬펐던 기억 등 다양한 추억이 있어도 아이가 커서 좋은 기억은 모두 잊어버리고 힘들었던 것에 대해서만 이야기하는 경우도 있습니다. 평소 아이에게 어떤 말과 이야기를 하는지 살펴보세요.

부모는 아이의 세계를 만들어주는
가장 위대한 스토리텔러storyteller입니다.

아이는 엄마의 자존감을 먹고 자란다

1판 1쇄 인쇄 2023년 4월 24일
1판 1쇄 발행 2023년 4월 28일

지은이 안정현(마음달)
발행인 오영진 김진갑
발행처 (주)심야책방

책임편집 박수진
기획편집 유인경 박민희 박은화
디자인팀 안윤민 김현주 강재준
마케팅 박시현 박준서 조성은
경영지원 이혜선

출판등록 2006년 1월 11일 제313-2006-15호
주소 서울시 마포구 월드컵북로5가길 12 서교빌딩 2층
원고 투고 및 독자 문의 midnightbookstore@naver.com
전화 02-332-3310 팩스 02-332-7741
블로그 blog.naver.com/midnightbookstore
페이스북 www.facebook.com/tornadobook
인스타그램 @tornadobooks

ISBN 979-11-5873-268-4 (03590)